Das Tierreich

Eine Zusammenstellung und Kennzeichnung der rezenten Tierformen

Gegründet von der Deutschen Zoologischen Gesellschaft

Im Auftrage der

Preußischen Akademie der Wissenschaften zu Berlin

herausgegeben von

F. E. Schulze (†), W. Kükenthal (†)

fortgesetzt von **K. Heider**, seit 1927 von **R. Hesse**

Schriftleiter: **C. Apstein**

Seit Linnés Systema naturae ist die Zahl der bekannten Tierformen so angewachsen, daß eine neue, umfassende Übersicht des Systems, die als Abschluß der bisherigen und als Grundlage künftiger systematischer Forschung dienen kann, ein dringendes Bedürfnis geworden ist. Um diese Aufgabe zu erfüllen, hatte die Deutsche Zoologische Gesellschaft das vorliegende Werk gegründet und dessen wissenschaftliche Leitung Herrn Geh. Reg.-Rat Prof. **F. E. Schulze** in Berlin anvertraut. Das gewaltige Unternehmen fand die Unterstützung der Preußischen Akademie der Wissenschaften, die in Würdigung der Bedeutung des Werkes im Jahre 1902 die Herausgabe übernommen hat.

Die Herausgabe findet in Lieferungen statt, die je eine oder mehrere nahestehende Gruppen behandeln, jedoch unabhängig von einer systematischen Folge erscheinen.

Jede Lieferung ist einzeln käuflich. Dem Umfang entsprechend ist der Preis der Lieferungen verschieden; **jedoch wird den Subskribenten, die sich für die Abnahme von fünf hintereinander erscheinenden Lieferungen verpflichten, ein Nachlaß von zwanzig Prozent des bei Ausgabe der Lieferung festgesetzten Ladenpreises gewährt.**

Für weitere Bände sind folgende Bearbeiter in Aussicht genommen:

Dr. **E. Ahl** in Berlin, Prof. Dr. **W. Arndt** in Berlin, Dr. Graf **C. Attems** in Wien, **R. S. Bagnall** und **Hood** in Oxford, England, Dr. **M. Beier**, Wien, Prof. Dr. **H. Bischoff** in Berlin, Dr. **H. Boschma** in Leiden, **F. Bryk**, Berlin, Lehrer **H. Gebien** in Hamburg, Dr. **E. Hartert** in Berlin, Dr. **C. E. Hellmayr** in München, Dr. **M. Holly** in Wien, Dr. **K. Jordan** in Tring, Prof. Dr. **C. A. Kofoid** in Berkeley (California), Dr. **H. A. Krauss** in Tübingen, Prof. Dr. **T. Krumbach** in Berlin, Prof. Dr. **H. Kuntzen** in Berlin, Prof. Dr. **A. Laubmann** in München, Prof. Dr. **H. Lohmann** in Hamburg, Prof. Dr. **T. Mortensen** in Kopenhagen, Dr. **E. Neresheimer** in Wien, **W. D. Pierce** in Washington, Prof. Dr. **E. Reisinger** in Köln, Prof. Dr. **L. Rhumbler** in Hannov.-Münden, Lord Dr. **W. Rothschild** in Tring, Dr. **F. A. Schilder** in Naumburg/Saale, Prof. **O. Schmiedeknecht** in Blankenburg, Direktor Dr. **Sig Thor** in Oslo, Prof. Dr. **E. Stechow** in München, Dr. **O. Steinböck** in Innsbruck, Dr. **H. Stichel** in Berlin-Lichterfelde-Ost, Dr. **T. Stingelin** in Olten, Konrektor **H. Stitz** in Berlin, Prof. Dr. **E. Stresemann** in Berlin, Prof. Dr. **J. Thiele** in Berlin, Dr. **G. Ulmer** in Hamburg, **K. Viets** in Bremen, Prof. Dr. **F. Werner** in Wien.

Siehe auch S. 3 des Umschlags!

Das Tierreich

Eine Zusammenstellung und Kennzeichnung der rezenten Tierformen

Gegründet von der Deutschen Zoologischen Gesellschaft

Im Auftrage der

Preußischen Akademie der Wissenschaften zu Berlin

herausgegeben von

F. E. Schulze (†), W. Kükenthal (†)

fortgesetzt von **K. Heider,** seit 1927 von **R. Hesse**

Schriftleiter: **C. Apstein**

„Πάντα ῥεῖ“ *„Sine systemate chaos“*

59. Lieferung

Cyclostomata

bearbeitet von

Dr. Maximilian Holly
Wien

Mit 57 Abbildungen

Berlin und Leipzig 1933

Walter de Gruyter & Co.

vormals G. J. Göschen'sche Verlagshandlung — J. Guttentag, Verlagsbuchhandlung
Georg Reimer — Karl J. Trübner — Veit & Comp.

Ausgegeben Januar 1933

Das Tierreich

Im Auftrage der

Preußischen Akademie der Wissenschaften zu Berlin

herausgegeben von

F. E. Schulze (†), W. Kükenthal (†)

fortgesetzt von **K. Heider,** seit 1927 von **R. Hesse**

Schriftleiter: **C. Apstein**

59. Lieferung

Cyclostomata

bearbeitet von

Dr. Maximilian Holly
Wien

Mit 57 Abbildungen

Berlin und Leipzig 1933

Walter de Gruyter & Co.

vormals G. J. Göschen'sche Verlagshandlung — J. Guttentag, Verlagsbuchhandlung
Georg Reimer — Karl J. Trübner — Veit & Comp.

Ausgegeben Januar 1933

Archiv-Nr. 524832

Inhalt

Die Literatur wurde bis Anfang 1932 berücksichtigt

Druck: August Hopfer, Burg b. M.

Literatur-Kürzungen

Abh. Ak. Berlin — Abhandlungen der Königlichen Akademie der Wissenschaften zu Berlin. Berlin. 4.

Acta Soc. Indo-Neêrl. — Acta Societatis Regiae Scientiarum Indo-Neêrlaudicae. Verhandelingen der Koninklijke natuurkundige Vereeniging in Nederlandsch Indie. Batavia. 4.

L. Agassiz, Lake Sup. — Lake Superior: its physical Character, Vegetation and Animals, compared with those of other and similar Regions. By Louis Agassiz. With a Narrative of the Tour, by J. Elliot Cabot and Contributions by other scientific Gentlemen. Boston. 1850. 8.

Amer. Natural. — The American Naturalist. Salem (Philadelphia) (Boston). 8.

An. Mus. Buenos Aires — Anales del Museo publico national de Buenos Aires. Buenos Aires. 4(8).

An. Mus. La Plata — Anales del Museo de La Plata. Materiales para la Historia fisica y moral del Continente Sud-Americano. Publicados bajo la Dirección de Francisco P. Moreno. — Seccion Zoologica. La Plata. 2.

Ann. nat. Hist. — The Annals and Magazine of natural History, including Zoology, Botany, and Geology. London. 8.

Ann. N. York Ac. — Annals of the New York Academy of Sciences, late Lyceum of natural History. New York. 8.

Annot. zool. Jap. — Annotationes zoologicae Japonenses. Tokyo. 8.

Ann. S. Afr. Mus. — Annals of the South African Museum. Cape Town. 8.

Annuaire Mus. Leningrad — Annuaire du Musée zoologique de l'Académie Impériale des Sciences de Leningrad. Leningrad. 8.

Antipa, Fauna Ichtiol. României — Fauna Ichtiologică a României de Dr. Gr. Antipa. Academia Română publicaţiunile Fondului Vasile Adamachi. Nr. 16. Bukureşti. 1909. 4.

Arch. Naturg. — Archiv für Naturgeschichte. Berlin. 8.

Artedi, Gen. Pisc. — Petri Artedi, Angermannia Sveci Genera Piscium. In quibus Systema totum Ichthyologiae proponitur, cum Classibus, Ordinibus, Generum Characteribus, Specierum Differentiis, Observatoribus plurimis. Redactis Speciebus 242 ad Genera 52. Ichthyologiae. Pars III. Lugduni Batavorum. 1738. 8.

Austral. Zoologist — The Australian Zoologist. Sydney. 4.

Bih. Svenska Ak. — Bihang till Kongl. Svenska Vetenskaps-Akademiens Handlingar. — Afdelning 4, Zoologi. Stockholm. 8.

Biol. Surv. Oswego River Syst. — Biological Survey of the Oswego River System, Supplement to the Annual Report, New York State Conservation Department, 1927. Albany. 1928. 8.

Bloch, Naturg. ausl. Fische — Marcus Elieser Bloch's Naturgeschichte der ausländischen Fische. Theil 1—9 & Atlas. Berlin. 1785—95. 4.

Bloch, Naturg. Fische Deutschl. — Marcus Elieser Bloch's oeconomische Naturgeschichte der Fische Deutschlands. Theil 1—3 & Atlas. Berlin. 1782—84. 4.

Bloch-Schneider, Syst. Ichthyol. — M. E. Blochii Systema Ichthyologiae Iconibus CX illustratum. Post Obitum Auctoris Opus inchoatum absolvit, correxit, interpolavit Jo. Gottlob Schneider Berolini. 1801. 8.
Icones CX Systema Ichthyologicae M. E. Blochii illustrantes.

Bonaparte, Cat. Pesci Eur. — Catalogo metodico dei Pesci Europei di Carlo L. Principe Bonaparte. Napoli. 1846. 4. [& 1846 in: *Atti Sci. Ital.*, Adun. 7, *v.* 2].

Bonaparte, Consp. Syst. Ichthyol. — Conspectus Systematis Ichthyologiae Caroli-Luciani Bonaparte. Editio reformata. Lugduni Batavorum. 1850. 2.

Bonaparte, Saggio An. Vert. Sangue freddo — Saggio d'una Distribuzione metodica degli Animali Vertebrati a Sangue freddo di Carlo Luciano Bonaparte, Principe di Musignano. Roma. 1832. 8.

Boston J. nat. Hist. — Boston Journal of natural History. Boston. 8.

Bronn, Kl. Ordn. — H. G. Bronn's Klassen und Ordnungen des [Thier Tier -Reichs, wissenschaftlich dargestellt in Wort und Bild. Leipzig, Heidelberg. 8.

Bull. Ac. Belgique — Bulletins de l'Académie Royale des Sciences, des Lettres et des Beaux-Arts de Belgique. Bruxelles. 8.

Bull. Ac. St.-Pétersb. — Bulletin de l'Académie Impériale des Sciences de St.-Pétersbourg. St.-Pétersbourg. 4(8).

Bull. Amer. Mus. — Bulletin of the American Museum of natural History. New York. 8.

Bull. Soc. Moscou — Bulletin de la Société Impériale des Naturalistes de Moscou. Moscou. 8.

Bull. U. S. Bureau Fish. — Department of Commerce and Labor. Bulletin of the Bureau of Fisheries. Washington. 8.

Bull. U. S. geol. geogr. Surv. Terr. — Department of the Interior. Bulletin of the United States geological and geographical Survey of the Territories. Washington. 8.

Bull. U. S. Mus. — Bulletin of the United States National Museum. Washington. 8.

Cambridge nat. Hist. — The Cambridge natural History, edited by Sidney Frederic Harmer ... and Arthur Everett Shipley ... *v.* 1—10. London. 1895—1909. 8.

Claus-Grobben, Lehrb. Zool. — Lehrbuch der Zoologie begründet von C. Claus. Neubearbeitet von Karl Grobben. Marburg in Hessen. 8.

Comun. Mus. Buenos Aires — Comunicaciones del Museo Nacional de Buenos Aires. Buenos Aires. 8.

Cuvier, Règne an. — Le Règne animal distribué d'après son Organisation, pour servir de Base à l'Histoire naturelle des Animaux et d'Introduction à l'Anatomie comparée. Par [Georges] Cuvier. Tom. 1—4. Paris. 1817. 8.

Cuvier, Règne an., ed. 2 — Le Règne animal distribué d'après son Organisation, pour servir de Base à l'Histoire naturelle des Animaux et d'Introduction à l'Anatomie comparée. Par [Georges] Cuvier. Nouvelle Édition, revue et augmentée. [Tom. 4 & 5:] Par [Pierre André] Latreille. Tom. 1—5. Paris. 1829, 29, 30, 29, 29. 8.

Day, Fish. Brit. — The Fishes of Great Britain and Ireland. By Francis Day. 2 *v.* & Atlas. London & Edinburgh. 1880—84. 8.

Dict. Sci. nat. — Dictionnaire des Sciences naturelles, ... Par plusieurs Professeurs du Jardin du Roi, et des principales Écoles de Paris. [Réd. par F. Cuvier.] *v.* 1—60; Planches. Strasbourg et Paris (Paris). 1816—30. 8.

Dnew. zool. — Dnewnik zoologhitscheskagho Otdyeleniya Imperatorskoe Obschtschestwo Ljubitelei Estestwosnanija Antropologhii i Etnoghrafii. Moscow. Journal de la Section zoologique de la Société Impériale des Amateurs des Sciences naturelles, d'Anthropologie et d'Ethnographie. Moscou. 8.

Duméril, Zool. anal. — Zoologie analytique, ou Méthode naturelle de Classification des Animaux, rendue plus facile à l'Aide de Tableaux synoptiques par A. M. Constant Duméril. Paris. 1806. 8.

Fauna Bor.-Amer. — Fauna Boreali-Americana; or the Zoology of the northern Parts of British America; containing Descriptions of the Objects of natural History collected on the late Northern Land Expeditions, under Command of Captain John Franklin by John Richardson. Assisted by William Swainson and William Kirby. *v.* 1—4. London. 1829—37. 4.

Faune Franç. — Faune Française, ou Histoire naturelle, générale et particulière des Animaux, qui se trouvent en France. Par L.-P. Vieillot, A.-G. Desmarest, H. Ducrotay de Blainville, Audinet-Serville, Lepeletier de Saint-Fargeau, C.-A. Walckenaer. 29. Livr. Paris. [1820—30]. 8 & 2.

Faune Russie — Faune de la Russie et des Pays limitrophes, fondée principalement sur les Collections du Musée zoologique de l'Académie Impériale des Sciences de St.-Pétersburg. Rédigée par N. V. Nasonov. St. Petersburg. 8.

Fleming. Phil. Zool. — The Philosophy of Zoology; or a general View of the Structure, Functions, and Classification of Animals. By John Fleming. Vol. 1, 2. Edinburgh. 1822. 8.

Geol. Surv. Ohio — Geological Survey of Ohio. Report. *v.* 1—8. Columbus, Ohio. 1873—1906. 8 & 2.

Georgi, Reise Russ. Reich — Johann Gottlieb Georgi, Bemerkungen einer Reise im Russischen Reich im Jahre 1772. Herausgegeben von der Akademie der Wissenschaften St. Petersburg. 2 *v.* St. Petersburg. 1775. 4.

Gill, Cat. Fish. East. Coast. North Amer. — Catalogue of the Fishes of the Eastern Coast of North America, from Greenland to Georgia by Theodore Gill. Smithsonian Institution. Washington. 1861. 8.

Gmelin-Linné, Syst Nat., ed. 13 — Caroli a Linné Systema Naturae per Regna tria Naturae, secundum Classes, Ordines, Genera, Species, cum Characteribus, Differentiis, Synonymis, Locis. Editio XIII, aucta, reformata. Cura Jo. Frid. Gmelin. — Tomus I. Pars 1—7. Lipsiae. 1788 [Pars 6 & 7: 1791, 92]. 8.

Gray, List Fish Brit. Mus. — List of the Specimens of Fish in the Collection of the British Museum. I. Chondropterygii (Editor:) John Edward Gray. London. 1851. 12.

Gray, Syn. Brit. Mus. — Synopsis of the Contents of the British Museum. [Auctore John Edward Gray]. London. Ed. 1—41: 1808—40. 8. Ed. 42—63: 1840—56. 12.

Gronow, Cat. Fish Brit. Mus. — Catalogue of Fish collected and described by Laurence Theodore Gronow, now in the British Museum. London. 1854. 12.

Günther, Cat. Fish. Brit. Mus — Catalogue of the Fishes in the British Museum by A. Günther. *v.* 1—8. London. 1859—70. 8.

Haeckel, Gen Morphol. — Generelle Morphologie der Organismen. Allgemeine Grundzüge der organischen Formen-Wissenschaft, mechanisch begründet durch die von Charles Darwin reformierte Descendenz-Theorie, von Ernst Haeckel. *v.* 1, 2. Berlin. 1866. 8.

Heckel & Kner, Süssw.-Fische Oesterr. Monarch. — Die Süsswasserfische der Oesterreichischen Monarchie mit Rücksicht auf die angränzenden Länder bearbeitet von Jakob Heckel und Rudolf Kner. Leipzig. 1858. 8.

Hoeven, Handb. Zool. — Handbuch der Zoologie. Von J. van der Hoeven. Nach der 2. Holländischen Ausgabe. *v.* 1, 2. Leipzig. 1850, 52—56. 8.

Ishikawa, Prelim. Cat. Fish. — Ishikawa & Matsuura, Preliminary Catalogue of Fishes including Dipnoi, Cyclostomi & Cephalochorda in the Collection of the Natural History Department, Imperial Museum. Tokyo. 1897. 8.

Izw. Tomsk. Univ. — Izwestia Tomskogo Gosudarstwennogo Universiteta. (Berichte der Tomsker Staatsuniversität). Tomsk. 8.

J. Chosen nat. Hist. Soc. — Journal of Chosen natural History Society. Keijo, Chosen, Japan. 8.

J. Coll. Japan — The Journal of the College of Science, Imperial University, Japan. Tokyo. 8.

Jordan. Man. Vert. — David Starr Jordan, Manual of the Vertebrates of the northern United States, including the District East of Mississippi River, and north of North Carolina and Tennessee, exclusive of marine Species. Chicago. 1876. 12. — Ed. 2. 1878. 12.

Lacépède, Hist. Poissons — Histoire naturelle des Poissons, par [Bern. Germ. Étienne] Lacépède. *v.* 1—5. Paris. 1798, 1800, 02, 02, 03. 4.

Latreille, Fam. Règne an. — Familles naturelles du Règne animal, exposées succinctement et dans un Ordre analytique, avec l'Indication de leurs Genres. Par [Pierre André] Latreille. Paris. 1825. 8.

Linné, Syst. Nat., ed. 1 — C. Linnaei Systema Naturae, sive Regna tria Naturae systematice proposita per Classes, Ordines, Genera & Species. Lugduni Batavorum. 1735. 2.

Linné, Syst. Nat., ed. 10 — Caroli Linnaei Systema Naturae per Regna tria Naturae, secundum Classes, Ordines, Genera, Species, cum Characteribus, Differentiis, Synonymis, Locis. Editio X, reformata. — Tomus I. Holmiae. 1758. 8.

Mac Culloch, West. Isl. — A Description of the Western Islands of Scotland, including the Isle of Man: comprising an account of their Geological Structure .... By John Mac Culloch. 2 *v.* & Atlas. London. 1819. 8(4).

Mc Murtrie-Cuvier, An. Kingdom, Not. — The Animal Kingdom, arranged in Conformity with its Organization. The Crustacea, Arachnides and Insecta, by P. A. Latreille. — Translated from the French with Notes and Additions by H. M. Mc Murtrie. 4 *v.* New York. 1831. 8.

Mag. nat. Hist. — The Magazine of natural History, and Journal of Zoology, Botany, Mineralogy, Geology, and Meteorology. London. 8.

Mem. Ac. Washington — Memoirs of the national Academy of Sciences. Washington. 4.

Mem. Mus. Harvard — Memoirs of the Museum of comparative Zoology at Harvard College. Cambridge, Mass. 4.

Monber. Ak. Berlin — Monatsberichte der Königlich Preußischen Akademie der Wissenschaften zu Berlin. Berlin. 8.

Morphol. Jahrb. — Morphologisches Jahrbuch. Eine Zeitschrift für Anatomie und Entwicklungsgeschichte. Leipzig. 8.

Müller, Vergl. Anat. Myxinoiden — Vergleichende Anatomie der Myxinoiden, der Cyclostomen mit durchbohrtem Gaumen. Erster Teil Osteologie und Myologie. Vorgetragen in der Königlichen Akademie der Wissenschaften zu Berlin im Jahre 1834. Mit einigen neueren Zusätzen von Johannes Müller. Berlin. 1835. 4. Auch erschienen ohne Zusätze in: *Abh. Ak. Berlin*. 1836. 4.

N. Ann. Bologna — Nuovi Annali delle Scienze naturali [e Rendiconto ... dell' Accademia delle Scienze ... di Bologna]. Bologna. 8.

Nat. Hist. N. York — Natural History of New York. By Authority. New York, Boston, Albany. I. *v.* 1—6: Zoology. 1842—44. 4.

Occas. Papers Mus. Zool. Michigan — Occasional Papers of the Museum of Zoology, University of Michigan. Published by the University. Michigan. 8.

Oken, Lehrb. Naturg. — [Lorenz von] Okens Lehrbuch der Naturgeschichte. — 3. Theil. Zoologie. Abtheilung 1, 2. Mit 1 Atlas. Leipzig und Jena (Leipzig). 1815, 16. 8 & 4.

Ottawa Natural. — The Ottawa Naturalist. The Transactions of the Ottawa Field-Naturalists' Club. Ottawa, Canada. 8.

Owen, Lect. vert Anat. — Lectures on the comparative Anatomy and Physiology of the vertebrate Animals, delivered at the Royal College of Surgeons of England, in 1844 and 1846. By Richard Owen. London. 1846. 8.

P. Ac. Philad. — Proceedings of the Academy of natural Sciences of Philadelphia. Philadelphia. 8.

Pallas, Zoogr. Rosso-Asiat. — Zoographia Rosso-Asiatica, sistens omnium Animalium in extenso Imperio Rossico et adjacentibus Maribus observatorum Recensionem, Domicilia, Mores et Descriptiones, Anatomen atque Icones plurimorum. Auctore Petro Pallas. Vol. 1—3. Petropoli. 1811, 11, 31. 4.

Papers Michigan Ac. Sci. — Papers of the Michigan Academy of Science Arts and Letters. New York. 8.

P. Boston Soc. — Proceedings of the Boston Society of natural History. Cambridge (Boston). 8.

P. Calif. Ac. — Proceedings of the California Academy of [natural] Sciences. — [Ser. 3.] Zoology. San Francisco. 8.

P. Linn. Soc. N. S. Wales — The Proceedings of the Linnean Society of New South Wales. Sydney. 8.

P. Liverp. biol. Soc. — Proceedings [Vol. 4 & sequ.:] and Transactions] of the Liverpool biological Society. Liverpool. 8.

P. R. Soc. London — Proceedings of the Royal Society of London. London. 8.

P. U. S. Mus. — Proceedings of the United States National Museum. Washington. 8.

P. zool. Soc. London — Proceedings of the zoological Society of London. London. 8.

P. zool. Soc. Victoria — Proceedings of the zoological & Acclimatisation Society of Victoria. Melbourne. 8.

Rafinesque, Anal. Nat. — Analyse de la Nature ou Tableau de l'Univers et des Corps organisés. Par C. S. Rafinesque. Palerme. 1815. 8.

Rafinesque, Ichthyol. Ohiens. — Ichthyologia Ohiensis, or natural History of the Fishes inhabiting the River Ohio and its tributary Streams, preceded by a physical Description of the Ohio and its Branches. By C. S. Rafinesque. Lexington, Kentucky. 1820. 8.

Rafinesque, Indice Ittiol. Sicil. — Indice d'Ittiologia Siciliana; ossia Catalogo metodico dei Nomi Latini, Italiani, e Siciliani dei Pesci, che si rinvengono in Sicilia, disposti secondo un Metodo naturale ... Opuscolo del C. S. Rafinesque-Schmaltz. Messina. 1810. 8.

Rec. Canterbury Mus. — Records of the Canterbury Museum. Published by Order of the Board of Governors. Christchurch, New Zealand. 8.

Rep. Expl. Railroad Pacif. Ocean — Reports of Explorations and Surveys, to ascertain the most practicable and economical Route for a Railroad from the Mississippi River to the Pacific Ocean. Made under the Direction of the Secretary of War, in 1853—56. *v.* 1—11. Washington. 1853—59. 4.

Rep. U. S. Fish Comm. — United States Commission of Fish and Fisheries. Report of the Commissioner. Washington. 8.

Risso, Hist. Eur. mérid. — Histoire naturelle des principales Productions de l'Europe méridionale et particulièrement de celles des Environs de Nice et des Alpes maritimes; par A. Risso. *v.* 1—5. Paris et Strasbourg. 1826. 8.

SB. Ak. Wien — Sitzungsberichte der Kaiserlichen Akademie der Wissenschaften. — Mathematisch-naturwissenschaftliche Classe. Wien. 8.

SB. Ges. Fr. Berlin — Sitzungsberichte der Gesellschaft naturforschender Freunde zu Berlin. Berlin. 4, 8.

Shaw, Gen. Zool. — General Zoology, or systematic natural History by George Shaw ([Vol. 9—14:] commenced by the late George Shaw. By James Francis Stephens). Vol. 1 I & II—14 I & II. London. 1800—26. 8.

Siebold, Fauna Jap. — Fauna Japonica sive Descriptio Animalium, quae in Itinere per Japoniam ... Annis 1823—30 collegit, Notis, Observationibus et Adumbrationibus illustravit Ph. Fr. de Siebold. Conjunctis Studiis C. J. Temminck et H. Schlegel pro Vertebratis atque W. de Haan pro Invertebratis elaborata. Lugduni Batavorum. [1833—50*)].

*) Cfr.: C. Davies Sherborn & F. A. Jentink in: P. zool. Soc. London, 1895 p. 149.

Siebold, Süßw.-Fische Mitteleur. — Carl Theodor Ernst von Siebold, Die Süßwasserfische von Mitteleuropa. Leipzig. 1863. 8.

Smithson. Collect. — Smithsonian miscellaneous Collections. Washington. 8.

Swainson, Hist. Classif. Fish. — The Cabinet Cyclopaedia. Conducted by Dionysius Lardner, ... Natural History. On the natural History and Classification of Fishes, Amphibians, and Reptiles. By William Swainson. *v.* 1, 2. London. 1838, 39. 8.

Tierw. Nord- und Ostsee — Die Tierwelt der Nord- und Ostsee ... In Verbindung mit zahlreichen in- und ausländischen Fachgelehrten herausgegeben von G. Grimpe und E. Wagler in Leipzig. Leipzig. 8.

Tr. Amer. phil. Soc. — Transactions of the American philosophical Society, held at Philadelphia, for promoting useful Knowledge. Philadelphia. 4.

Trav. Soc. St.-Pétersb. — Travaux de la Société Impériale des Naturalistes de St.-Pétersbourg. Section de Zoologie et de Physiologie. St.-Pétersbourg. 8.

Univ. Toronto Stud. — University of Toronto Studies Publications of the Ontario Fisheries Research Laboratory. Toronto. 8.

U. S. astronom. Exp. — The U. S. Naval astronomical Expedition to the Southern Hemisphere, during the Years 1849—50—51—52. Washington. 4.

Verh. Ges. Wien — Verhandlungen der kaiserlich-königlichen zoologisch-botanischen Gesellschaft in Wien. Wien. 8.

Verh. Verh. Rheinlande — Verhandlungen des naturhistorischen Vereines der Preußischen Rheinlande und Westphalens. Bonn. 8.

Voigt-Cuvier, Thierr. — Das Thierreich, geordnet nach seiner Organisation. Als Grundlage der Naturgeschichte der Thiere und Einleitung in die vergleichende Anatomie. Von [G.] Cuvier. Nach der 2. vermehrten Ausgabe übersetzt und durch Zusätze erweitert von F. S. Voigt. *v.* 1—6. Leipzig. 1831, 32, 34, 36, 39, 43. 8.

Wilder Quart. Cent. Book — The Wilder Quarter Century Book. Ithaka, New York. 1893. 8.

Zool. Anz. — Zoologischer Anzeiger. Leipzig. 8.

Zool. Jahrb., Suppl. — Zoologische Jahrbücher. Supplement. Jena. 8.

Zool. Voy. Beagle — The Zoology of the Voyage of H. M. S. Beagle, under the Command of Captain Fitzroy, during the Years 1832—36. Edited and superintended by Charles Darwin. *v.* 1—5. London. 1838/40, 38/39, 38/41, 40/42, 42/43. 4.

Zool. Voy. Erebus & Terror — The Zoology of the Voyage of H. M. S. Erebus & Terror, under the Command of Captain Sir James Clark Ross, during the Years 1839 to 1843. ... Edited by John Richardson and John Edward Gray. Vol. 2. Reptiles, Fishes, Crustacea, Insects, Mollusca. London. 1844—75. 4.

Systematischer Index

Classis Cyclostomata

1758 *Amphibia nantes* (part.) + *Vermes intestina* (part.), Linné, Syst. Nat., ed. 10 p. 230, 650 | 1784 *Cartilaginei* (part.), M. E. Bloch, Naturg. Fische Deutschl., *v.* 3 p. 33 | 1789 & 1791 *Pisces chondropterygii* (part.) + *Vermes intestina* (part.), J. F. Gmelin-Linné, Syst. Nat., ed. 13 *v.* 1 pars 3 p. 1513; pars 6 p. 3082 | 1801 *Dipterygii* (part.) + *Monopterygii* (part.), M. E. Bloch & Schneider, Syst. Ichthyol., p. 530, 534 | 1806 *Cyclostomi*, C. Duméril, Zool. anal., p. 101 | 1825 *Ichthyodera* (part.), Latreille, Fam. Règne an., p. 107 | 1835 *Cyclostomata*, J. Müller, Vergl. Anat. Myxinoiden, p. 12 | 1838 *Marsipobranchii* (part.), Bonaparte in: N. Ann Bologna, *v.* 2 p. 133 | 1845 *M.*, J. Müller in: Arch. Naturg., *v.* 11 I p. 137 | 1846 *Dermopteri* (part.), Rich. Owen, Lect. vert. Anat., *v.* 1 p. 47 | 1849 *Cercopterygii* (part.), C. Mayer in: Verh. Ver. Rheinlande, *v.* 6 p. 202 | 1851 *Cyclostomia* (part.), J. E. Gray, List Fish Brit. Mus., *v.* 1 p. 136 | 1852 *Dermopterygii* (part.), Hoeven, Handb. Zool., ed. 2 *v.* 2 p. 65 | 1866 *Marsipobranchia*, Haeckel, Gen. Morphol., *v.* 2 p. CXX | 1868 *Dermopteri*, E. D. Cope in: P. Ac. Philad., [*v.* 20] p. 256 | 1870 *Cyclostomata*, Alb. Günther, Cat. Fish. Brit. Mus., *v.* 8 p. 499 | 1874 *Holocrania* (part.), Huxley in: P. R. Soc. London, *v.* 23 p. 131 | 1880 *Myzichthyes*, Huxley in: P. zool. Soc. London, [*v.* 48] p. 660 | 1892 *Epicraniata*, Howes in: P. Liverp. biol. Soc., *v.* 6 p. 142 | 1899 *Symphytobranchii*, S. Garman in: Mem. Mus. Harvard, *v.* 24 p. 339 | 1908 *Cyclostomata*, Grobben in: Verh. Ges. Wien, *v.* 58 p. 507 | 1911 *Monorrhina*, Poche in: Arch. Naturg., *v.* 77 I Suppl. p. 110 | 1924 *Cyclostomi*, Rauther in: Bronn, Kl. Ordn., *v.* 6 Abt. 1 p. 676 | 1927 *C.*, Schnakenbeck in: Tierw. Nord- & Ostsee, pars 12d p. 1.

Vertebraten mit knorpeligem Skelett und persistierender Chorda dorsalis; ein Schädel ist vorhanden, aber ohne Occipitalregion; keine paarigen Extremitäten, kein Schulter- und Beckengürtel. Beutelförmige Kiemengänge, ein Saugmund ohne Kiefer, eine unpaare Nase.

Die *Cyclostomata* mit den beiden Ordnungen der *Hyperoartia* und *Hyperotreta* besitzen einen drehrunden, langgestreckten und wurmförmigen Körper, wobei der Kopf vom Rumpfe nicht abgesetzt erscheint und allmählich in diesen übergeht. Die zähe, schleimige Haut ist nackt, ohne Schuppen oder sonstige Hartgebilde und sehr reich an Schleimzellen; bei den *Hyperotreta* finden sich an den Körperseiten große, mit freiem Auge sichtbare Schleimdrüsen, sog. Schleimsäcke. Paarige Flossen fehlen, nur die Vertikalflossen sind vorhanden, die durch dünne, knorpelige Strahlen gestützt werden; bei den *Hyperoartia* finden sich gewöhnlich 2 Rückenflossen, die entweder voneinander getrennt sind, oder manchmal mittels eines niederen Hautsaumes miteinander in Verbindung stehen; das Caudalende umfaßt ein Flossensaum, der nach vorn dorsal bis zum Hinterrande der rückwärtigen Dorsale, ventral häufig als niederer Hautsaum bis zum After reicht; nur bei der Gattung *Geotria* steht die rückwärtige Dorsale mit dem als Schwanzflosse bezeichneten Flossensaum nicht in Berührung. Die bei den Flossen auftretenden Hautsäume variieren in ihrer Längenausdehnung sehr stark, so daß es oft schwierig ist, beispielsweise die Basislänge der vorderen Dorsale mit Sicherheit anzugeben; auch die häufig als artliches Unterscheidungsmerkmal aufgefaßte, be-

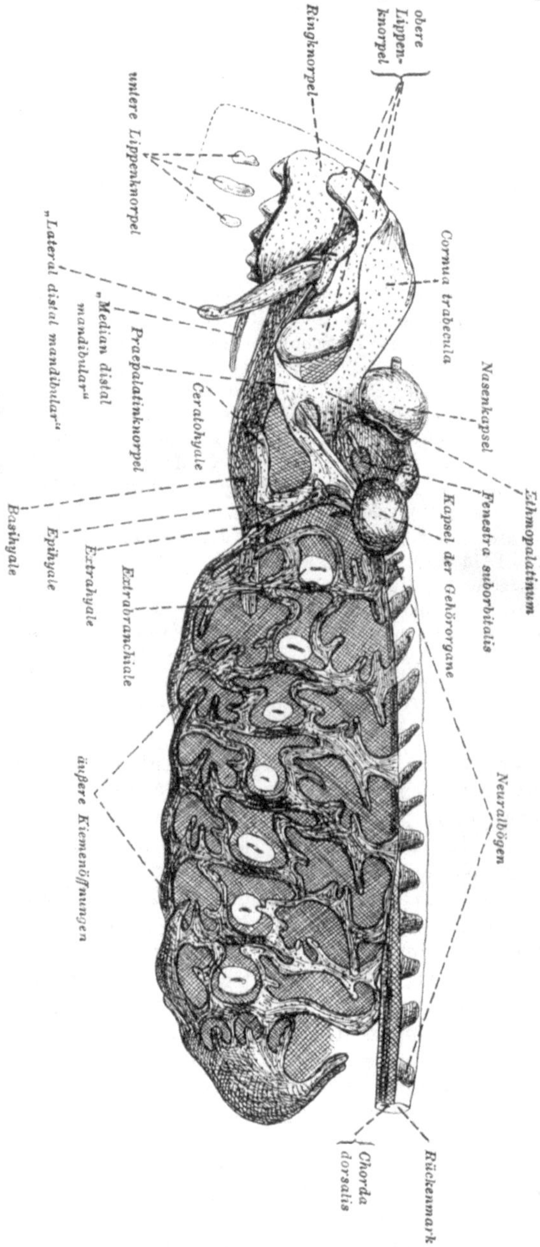

Fig. 1.
Craniobranchiales Skelett von einem noch nicht erwachsenen **Petromyzon marinus** L., von der Seite. Nach Parker.
(Aus Lönnberg, umgezeichnet).

stehende, bzw. fehlende Verbindung beider Rückenflossen ist starken Schwankungen unterworfen; in manchen Fällen ist diese Verbindung derart, daß sich nur eine Einbuchtung im dorsalen Flossensaum findet; auch diese Einbuchtung kann fehlen und man kann dann von bloß einer Dorsale sprechen. Die Beflossung der *Hyperotreta* beschränkt sich nur auf einen Flossensaum, der

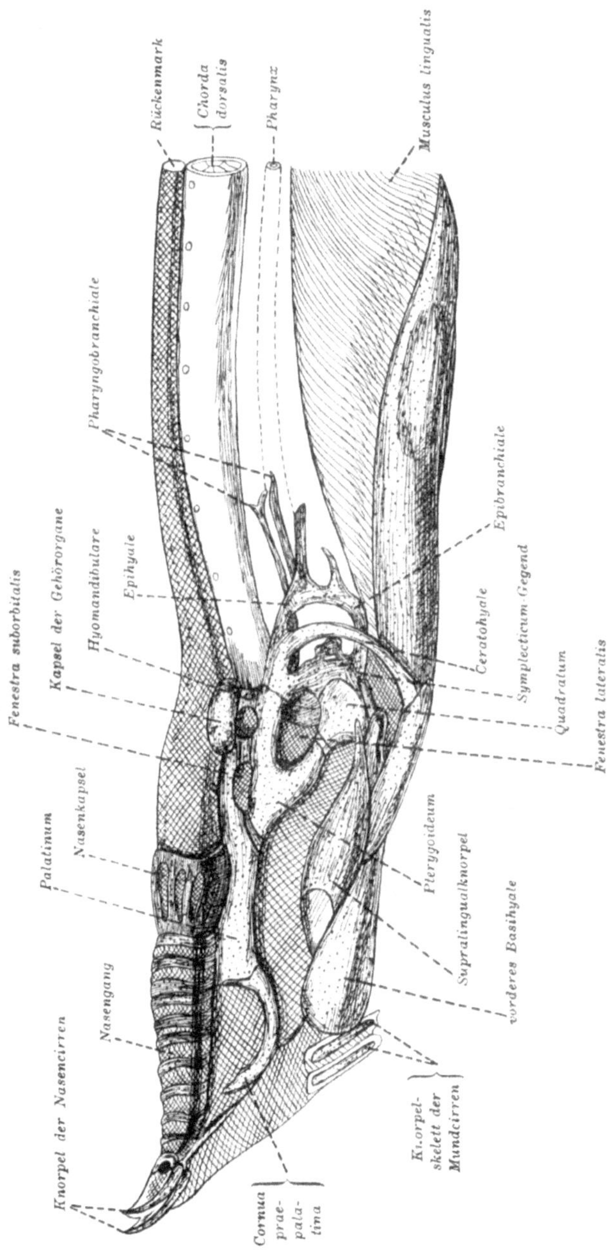

Fig. 2. Kopfskelett von **Myxine glutinosa** L., von der Seite. Nach Parker. (Aus Lönnberg, umgezeichnet).

das Körperende umfaßt und ventral bis zum After reicht; dorsal reicht er ungefähr bis zur Senkrechten, die durch den After gelegt gedacht wird; vor dem After tritt eine Hautfalte auf, die in ihrer Längenausdehnung dem

Kopfe zu bei den verschiedenen Gattungen der *Hyperotreta* variiert und nur eine Hautduplikatur darstellt. Das Stützgerüst des Körpers bildet die durch ihn in seiner ganzen Länge verlaufende, persistierende Chorda dorsalis mit einer festen fibrösen Scheide; im skelettogenen Gewebe wiederholen sich metamerisch knorpelige Leisten, die eine Anfangsstufe zur Wirbelanlage bilden. Die Chorda dorsalis endet cranial an der Basis der knorpelig-häutigen Schädelkapsel (Fig. 1, 2), an der seitlich Gehörkapseln liegen, in denen sich das statische Organ befindet; eine Occipitalregion fehlt dem Schädel. Vorn an der Gehirnkapsel schließt sich die Nasenkapsel an. Den Gaumen und Schlund umgeben Knorpelspangen, die an Stelle eines Visceralskelettes mit der Schädelkapsel in Verbindung stehen; die Lippen werden durch Knorpel gestützt, eigentliche Kiefer fehlen. Die Kiemensäcke umgibt ein kompliziertes Knorpelgerüst, das teilweise am Achsenskelett befestigt ist. Das Gehirn (Fig. 4) der Cyclostomen ist nach dem Fischtypus gebildet und sehr klein, mit den 3 Hauptsinnesnerven und mit einer reduzierten Zahl spinalartiger Nerven ausgestattet; das Rückenmark, oberhalb der Chorda dorsalis gelegen, ist dorso-ventral abgeplattet. Paarige Augen sind stets vorhanden, doch liegen sie bei den *Hyperotreta* und den Larven der *Hyperoartia* unter der Haut und sind verkümmert. Das Geruchsorgan stellt einen unpaaren Sack dar und beginnt mit einer Öffnung, die median zwischen den Augen liegt; bei den *Hyperoartia* ist dieser Sack blind geschlossen, bei den *Hyperotreta* weist die Nasenkapsel eine hintere Öffnung auf, die den Gaumen durchbohrt und mit einer Klappe verschlossen werden kann. Das statische Organ besteht aus einem einfachen häutigen Labyrinth, das sich noch nicht in Sacculus und Ventriculus gliedert und nur zwei (bei den *Hyperoartia*) oder einen (bei den *Hyperotreta*) halbkreisförmigen Kanal aufweist. Am Kopfe und an den Körperseiten finden sich der Seitenlinie der Fische entsprechende Sinnesgruben mit einem Sinneshöcker. Die Mundöffnung der *Hyperotreta* wird von 2 Paar Bartfäden umstanden und wird unregelmäßig sternförmig geschlossen; jederseits der Narine steht außerdem ein Bartel. Bei den *Hyperoartia* ist die Mundöffnung von dicken Lippen umgeben, kreisförmig und kann zu einem medianen Spalt zusammengelegt werden. Die Mundhöhle ist trichterförmig und mit Hornzähnen ausgestattet, an ihrem Grunde liegt die stempelförmige, an ihrem Vorderende mit Zähnen bewaffnete, vorstoßbare Zunge.

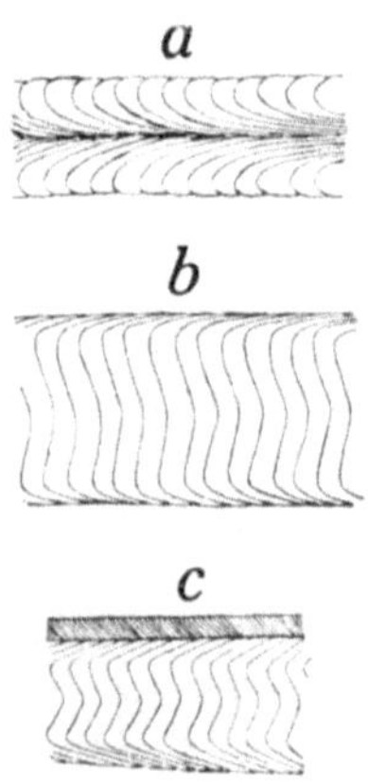

Fig. 3. Partien des Körpers von **Lampetra (Lampetra) fluviatilis** (L.) nach Abtragung der Haut, um die Anordnung der Muskeln zu zeigen (Myomere). *a* = Rückenansicht vor den Dorsalen, *b* = Seitenansicht desselben Teiles, *c* = Seitenansicht einer etwas weiter hinten gelegenen Körperpartie in der Gegend der Dorsalen. (Nach Lönnberg, vereinfacht).

Die Zähne der Rundmäuler entstammen dem Epithel, ihre Anordnung, Lage und Anzahl ist sehr verschieden; sie bilden ein wichtiges Unterscheidungsmerkmal der einzelnen Gattungen und Arten (Fig. 12). Den *Ammocoetes*-Stadien der *Hyperoartia* fehlen sie gänzlich, wie diese auch einer Zunge entbehren; wir finden hier in der Mundhöhle nur einen Tentakelkranz, der Grund derselben wird vom Pharynx durch ein Velum geschieden. Die Zähne der *Hyperoartia* können entweder in den Knorpelspangen des Mundtrichters eine feste Unterlage finden, oder sie sind in die Lippen eingesenkt. Die Mundtrichterzähne treten in einer vorderen oder supraoralen und in einer rückwärtigen oder infraoralen Gruppe auf und sind an ihrer Basis miteinander verbunden; außerdem finden sich 3 oder 4 seitlich der Ringknorpel stehende Zahngruppen, die inneren Lippenzähne. Die Zahl der äußeren Lippenzähne variiert bei den einzelnen Arten sehr stark; häufig ist ihre Anordnung auf der Mundscheibe deutlich radiär, wobei ihre Größe dem Rande der Scheibe zu abnimmt. Die Zähne der vorstoßbaren Zunge

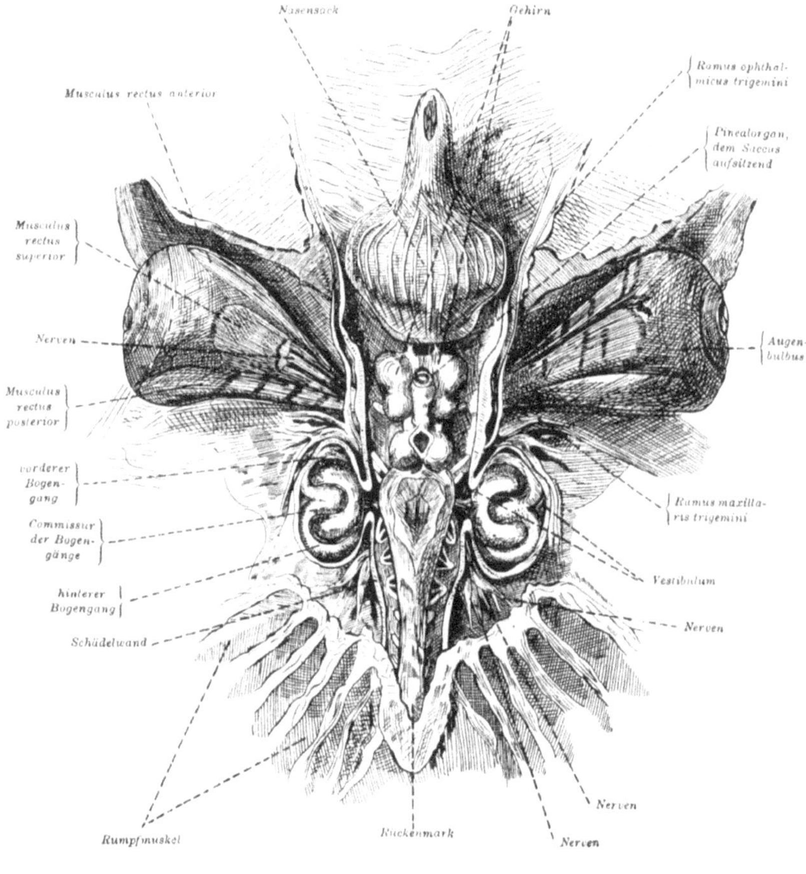

Fig. 4.
Gehirn und höhere Sinnesorgane von **Petromyzon marinus** L., von oben gesehen. Nach L. Jammes; das Gehörorgan von Możejko modifiziert. (Aus Możejko, umgezeichnet).

stehen in zwei hintereinander gelegenen Gruppen: Die vordere oder äußere Gruppe besteht aus einer gebogenen, parallel den infraoralen Mundtrichterzähnen liegenden Zahnplatte, auf deren Vorderrande die einzelnen Zahnspitzen aufsitzen. Die rückwärtige oder innere Zahngruppe verteilt sich auf zwei Zahnplatten, die senkrecht zur vorderen Zungenzahnplatte stehen. Die Bezahnung der *Hyperotreta* ist ungleich einfacher, es findet sich hier außer den Lingualzähnen nur ein einziger, sehr kräftiger, mit einer nach innen gekrümmten Spitze ausgestatteter Zahn, der einer fibrösen Platte aufsitzt, die unter den vorderen Knorpelspangen liegt. Die Zungenbewaffnung besteht aus 2 hintereinander liegenden, gebogenen Zahnreihen, die in der Medianlinie unterbrochen sind; die scharfen Zahnspitzen sind leicht nach innen gekrümmt. Die Zähne der *Hyperoartia* sind keine ausdauernden Bildungen, sondern sie werden gewechselt. Die Bezahnung der *Cyclostomata* läßt sich mit den Zahnbildungen der übrigen Fische nicht homologisieren.

Der auf den Mundtrichter folgende Pharynx setzt sich bei den *Hyperoartia* über dem ventral gelegenen Kiemensack durch den Ösophagus in den verdauenden Darm fort, bei den *Hyperotreta* geht der Pharynx direkt in den der Respiration dienenden Kiemendarmabschnitt über; ein Magen ist nicht vorhanden. Der verdauende Darm verläuft in gerader Richtung zum After, er besitzt eine Spiralfalte (*Hyperoartia*), oder sie fehlt (*Hyperotreta*). Zu den Anhangsdrüsen des Verdauungstractus gehören paarige Speicheldrüsen, die unterhalb der Augenhöhlen liegen und mittels zweier enger Kanäle durch 2 eng nebeneinander liegende Papillen ventral der Zunge ausmünden (*Hyperoartia*). Den Larvenstadien der *Hyperoartia* und *Myxine* fehlen diese Drüsen. Die Leber der geschlechtsreifen Petromyzonten entbehrt der Gallenblase, hier werden die Gallenprodukte durch die Niere ausgeschieden; nur die *Ammocoetes*-Stadien derselben besitzen eine Gallenblase, die von der Leber umhüllt wird und durch einen Gallengang die einzige Verbindung der Leber mit dem Darm vermittelt. *Myxine* weist eine zweilappige Leber auf; jeder der Leberlappen führt einen Gallengang, die sich beim Ausführungsgang der Gallenblase vereinigen, welch letzterer am Beginne des Mitteldarmes ausmündet. Eine Thyreoidea liegt in Form zerstreuter Zellengruppen vor.

Der ventral des Ösophagus gelegene Kiemensack der *Hyperoartia* ist rückwärts blind geschlossen, vorn steht er mit dem Schlunde in Verbindung; die Kiemenbeutel, deren Zahl jederseits sieben beträgt und in denen die Kiemenblättchen festgewachsen sind, münden durch äußere Kiemengänge einerseits nach außen, andererseits stehen sie durch innere Kiemengänge mit dem Kiemensack in Verbindung; das Atemwasser strömt bei der Atmung durch die Kiemenöffnungen und die äußeren Kiemengänge ein, um auf demselben Wege wieder abzufließen. Bei den *Hyperotreta* liegen die Kiemenbeutel (Fig. 5) jederseits des Ösophagus, der hier der Respiration dient; sie sind in 5 bis 7, manchmal in 10 bis 15 Paaren vorhanden und münden durch ebenso viele äußere Kiemengänge nach außen; mittels innerer Kiemengänge stehen sie außerdem mit dem Ösophagus (Kiemendarmabschnitt) in Verbindung; der Kiemendarmabschnitt entsendet noch linkerseits einen Kanal (Ductus oesophago-cutaneus) zur hintersten Kiemenöffnung. Eine Ausnahme in diesen Verhältnissen bildet die Gattung *Myxine*: Hier münden die äußeren Kiemengänge nicht getrennt nach außen, sondern jederseits mit nur einer gemeinsamen Öffnung; die linke nimmt noch den Ductus oesophago-cutaneus auf. Das Atemwasser strömt durch den Nasengang ein, um bei der Exspiration durch die Kiemenlöcher, bzw. durch den Ductus oesophago-cutaneus abzufließen.

Das Blutgefäßsystem der *Cyclostomata* ist bereits ziemlich hoch differenziert und zeigt Fischtypus; die Arterien- und Venenstämme sind voneinander getrennt. Das Herz liegt im Pericardium, es teilt sich in Herz- und Vorkammer und besitzt einen Arterienbulbus und Venensinus; es führt nur venöses Blut (Cor venosum). Das Pericardium der *Hyperotreta* und der *Ammocoetes*-Stadien der *Hyperoartia* steht mit der Peritonealhöhle in offener Verbindung (Fig. 6). Im Venensystem findet sich an der Pfortader ein Cor venosum portale, bei den *Hyperotreta* finden sich in der Schwanzregion paarige Aussackungen der Caudalvenen, die Corda venosa caudalia (Fig. 7). Ein mehr oder weniger entwickeltes Lymphgefäßsystem ist vorhanden, als Milz wird das lymphoide Gewebe des Darmes angesehen („diffuse Milz").

Als Exkretionsorgane finden wir bei den *Ammocoetes*-Stadien der *Hyperoartia* Pro- und Mesonephros; bei der Metamorphose wird die Vorniere rückgebildet, es funktioniert bei den erwachsenen Petromyzonten nur die Urniere allein. Die *Hyperotreta* zeichnen sich durch eine ziemlich entwickelte Vorniere, die dauernd erhalten bleibt, und durch die Erhaltung der segmentalen Anordnung der Urnierenkanälchen aus.

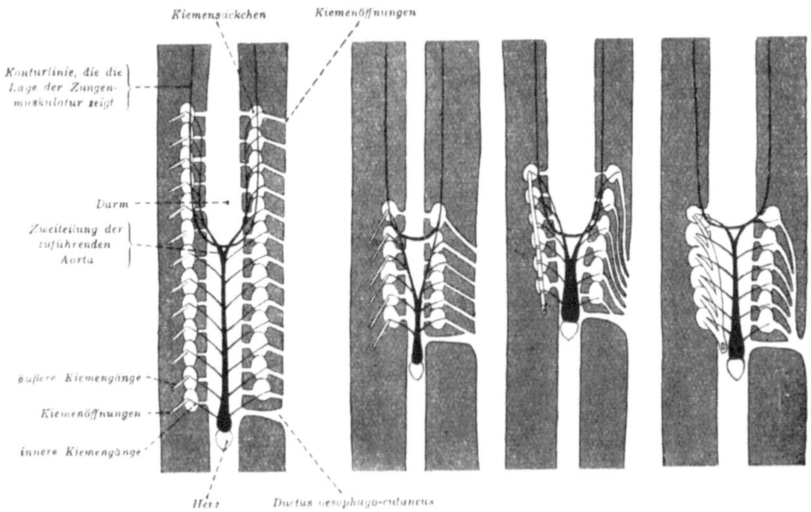

Fig. 5.
Diagrammatische Darstellung der Kiemenregion von: *A*: **Bdellostoma (Polistotrema) stouti** Lockington, *B*: **B. (Eptatretus) burgeri** [Girard?], *C*: **Paramyxine atami** Dean, *D*: **Myxine glutinosa** L. Die Diagramme zeigen die ventrale Fläche, aber auf der rechten Seite ist der Deutlichkeit wegen eine Schematisierung durchgeführt, so daß die Öffnungen der Kiemen lateral gerichtet zu sein scheinen. (Nach Dean, aus Lönnberg.)

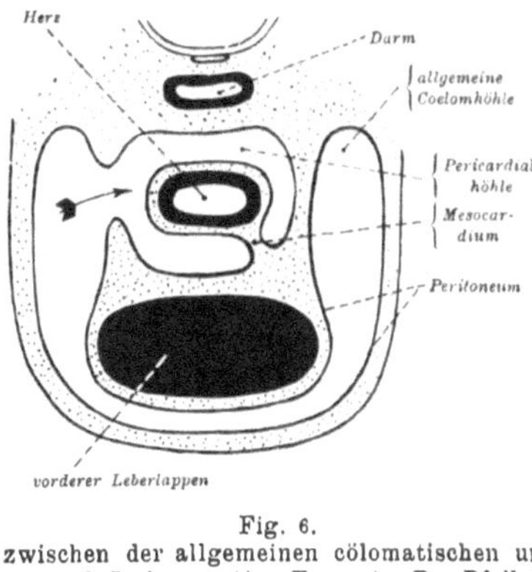

Fig. 6.
Schema des Verhältnisses zwischen der allgemeinen cölomatischen und pericardischen Höhle bei den **Myxinoiden.** Modifiziert nach Jackson. (Aus Favaro). Der Pfeil tritt in die Kommunikationsöffnung zwischen Peritoneal- und Pericardialhöhle ein.

Die Cyclostomen sind getrennt geschlechtlich, *Myxine* wird für einen protandrischen Hermaphroditen gehalten. Die Gonaden sind mesodermalen Ursprunges und unpaar; Gonodukte fehlen, die Geschlechts-

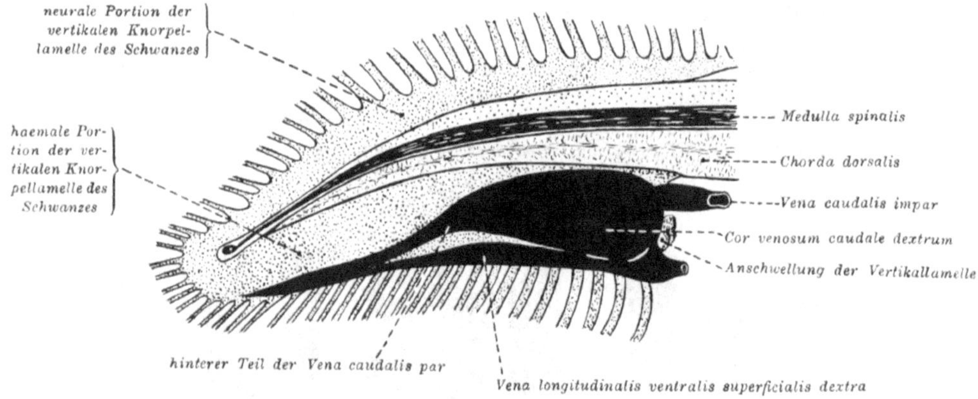

Fig. 7.
Cor venosum caudale dextrum von **Myxine glutinosa** L., nach Abtragung der Muskulatur, von rechts gesehen. Halbschematisch. Nach Favaro, Skelett nach G. Retzius. (Aus Favaro).

produkte fallen in die Leibeshöhle und gelangen durch Pori abdominales nach außen. Bei den *Hyperoartia* sind zwei Abdominalporen vorhanden (Fig. 8), die *Hyperotreta* besitzen nur einen großen Porus. Die Petromyzonten weisen hinter dem After eine Papille auf (Fig. 9), die bei Männchen und Weibchen in Länge und Weite verschieden ist (Fig. 10); in diese Papille tritt die Urogenitalöffnung ein.

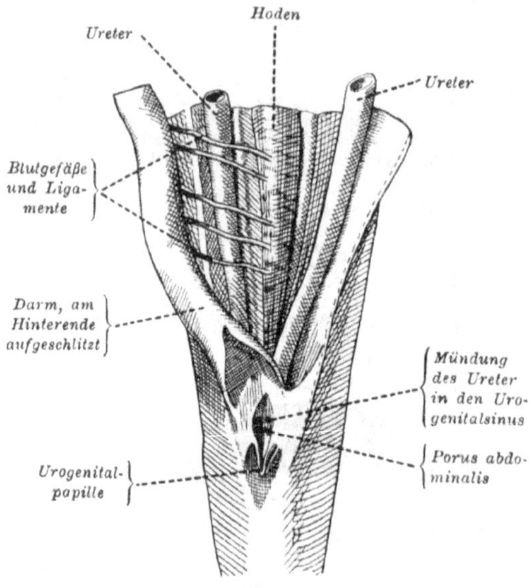

Fig. 8.
Petromyzon marinus L. ♂. Hinterkörper geöffnet. (Nach Panizza aus Rauther).

Die Jungen der *Hyperotreta* unterscheiden sich außer in der Größe nur unwesentlich von den erwachsenen Tieren; aus den Eiern der *Hyperoartia* resultieren Larven, die von den Alten derart verschieden sind, daß

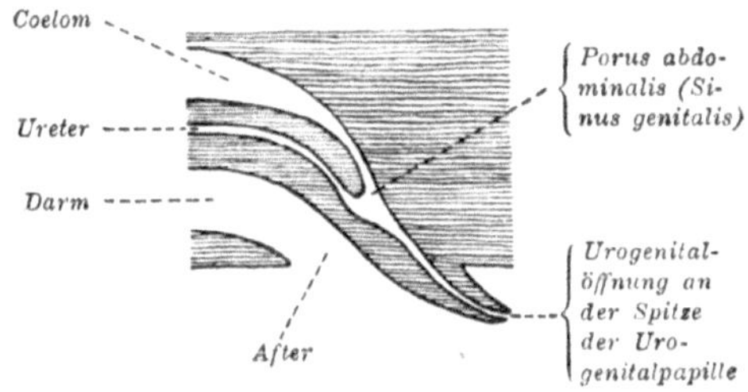

Fig. 9.
Schema der hinteren Leibesöffnungen der metamorphosierten **Petromyzonten.** (Nach Lickteig aus Rauther).

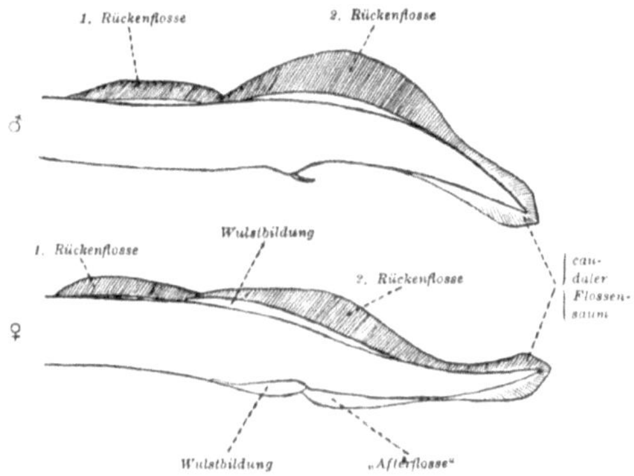

Fig. 10.
Lampetra (Lampetra) planeri (Bl.) Hinterende brünstiger Tiere. (Nach Rauther, vereinfacht).

sie lange Zeit einer eigenen Gattung *Ammocoetes* zugewiesen wurden. Wie schon erwähnt, liegen bei ihnen die Augen vollständig unter der Haut, der Mund wird vorn von einer hufeisenförmigen wulstigen Lippe umfaßt, die Bezahnung und die Zunge fehlen gänzlich; auch in ihrer Innenorganisation unterscheiden sie sich grundlegend von den erwachsenen Tieren. In diesem Larvenzustande verbleiben die Petromyzonten ungefähr 4 Jahre, die nun folgende Metamorphose (Fig. 11) ist in wenigen Wochen abgeschlossen und die umgewandelten Tiere erreichen sehr bald die Geschlechtsreife.

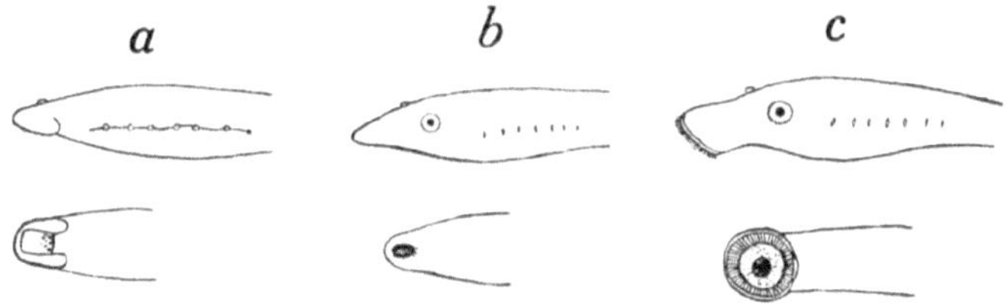

Fig. 11.
Vorderenden: *a* des Ammocoetes-Stadiums, *b* eines Verwandlungsstadiums, *c* einer erwachsenen **Lampetra (Lampetra) planeri** (Bl.). Je Seiten- und Ventralansicht. (Nach Siebold aus Rauther).

Die *Hyperoartia* leben teilweise im Meere, teilweise sind sie reine Süßwasserbewohner. Die im Meere vorkommenden Formen steigen zur Laichzeit, die gewöhnlich in das Frühjahr und den Frühsommer fällt, die Flüsse aufwärts, um stets in klaren, fließenden Wässern abzulaichen, die kiesigen oder steinigen Bodengrund aufweisen; hier werden mehr oder minder deutlich erkennbare Gruben („Nester") angelegt, in denen die Eier abgelegt werden. Die Larven verbringen ihr Leben dauernd im Sand vergraben und nähren sich von mikroskopisch kleinen Organismen. Als metamorphosierte Tiere wandern sie wieder in das Meer. Die das Süßwasser bewohnenden

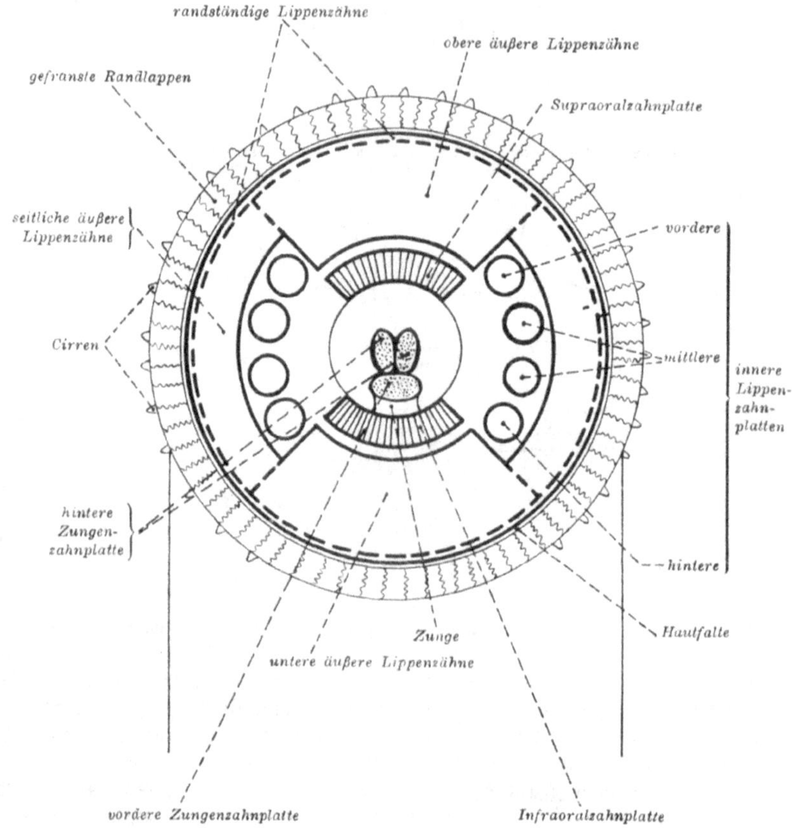

Fig. 12.
Petromyzonidae. Mundtrichter, Schema der Bezahnung (Original).

Formen werden nach der Metamorphose rasch geschlechtsreif, nehmen in diesem Zustande keine wie immer geartete Nahrung zu sich und der Darm schrumpft vollkommen ein; nach Ausstoßung der Geschlechtsprodukte gehen sie zugrunde. Die Formen, die längere Zeit als voll entwickelte Tiere leben, sind ausnahmslos räuberischer Natur; sie überfallen andere Fische, selbst solche von bedeutender Größe, und saugen sich an ihnen fest; mit den Raspelzähnen der Zunge reißen sie die Haut ihrer Opfer auf, saugen deren Blut und fressen tiefe Löcher in ihr Fleisch.

Die *Hyperotreta* sind ausnahmslos Meeresbewohner, leben vorzugsweise in der Nähe der Küsten im Schlamme eingewühlt. Auch sie sind sehr gefräßige Räuber, die andere Fische befallen; sie saugen sich jedoch nicht fest, sondern legen den Mund bloß an die Stelle, an der sie ihr Opfer fassen wollen und machen jede Bewegung desselben schlängelnd mit. Mit ihrer bezahnten Zunge reißen sie kleine Fleischstücke los, die sie sofort verschlucken, und bohren sich so in das Innere des von ihnen überfallenen Tieres, um dasselbe vollständig bis auf die äußere Haut und das Skelett auszufressen. Um in das Innere ihrer Beute leichter zu gelangen, bevorzugen sie hauptsächlich deren Mund, Kiemen oder Augen. Da die *Hyperotreta* nur nahe dem Meeresgrunde leben, werden sie vor allem in Netzen oder mit Grundangeln gefangenen Fischen gefährlich und fügen derart dem Fischfang empfindlichen Schaden zu. Sie laichen in nicht besonders großen Tiefen auf schlammigem Grunde und sind im allgemeinen an keine festen Laichzeiten gebunden.

Die *Hyperoartia* kommen nur in kalten und gemäßigten Zonen vor, sie fehlen den tropischen und arktischen Gebieten vollkommen. Manche Formen haben eine weite Verbreitung, beispielsweise die Gattung *Petromyzon; Lampetra* dürfte sogar zirkumpolar verbreitet sein. Das östliche Nordamerika weist eine eigene Süßwassergattung auf *(Ichthyomyzon)*; an den westlichen Küsten Nordamerikas findet sich die Gattung *Entosphenus*, die hier *Petromyzon* vertritt. Von allen diesen Formen durch stärkere gestaltliche Eigentümlichkeiten unterschieden sind die der südlichen Erdhalbkugel angehörenden Petromyzonten; aber auch hier finden wir einzelne Arten, die eine sehr weite Verbreitung besitzen.

Die *Hyperotreta* bewohnen ausschließlich kalte Wasserschichten des Meeres; einzelne Formen haben ebenfalls eine weite horizontale Verbreitung (z. B. *Myxine* vom nördlichen Eismeer bis zum Mittelmeer, nördlicher Atlantischer Ozean, Südspitze von Südamerika, östlicher Stiller Ozean, Japanisches Meer). Im Gegensatz dazu finden sich auf verhältnismäßig kleinem Gebietsraum mehrere verschiedene Gattungen und auch verschiedene Arten einer Gattung.

2 Ordnungen, 2 Familien, davon zerfällt 1 in 2 Unterfamilien, 11 Gattungen, davon zerfallen 3 in 6 Untergattungen, 41 sichere Arten, davon zerfallen 3 in 7 Unterarten und 2 in 4 Rassen; von letzteren weist eine 1 unsichere Aberration auf; 2 unsichere Arten.

Bestimmungstabelle der Ordnungen:

- Mund mit dicken Lippen, ohne Bartfäden; der unpaare Nasengang ist rückwärts blind geschlossen; der Mundtrichter mit zahlreichen Hornzähnen . . . . 1. Ord. **Hyperoartia**
- Mund ohne Lippen, mit 2 Paar Bartfäden; jederseits der unpaaren Narine ein Bartel; ein rückwärts offener Nasengang, der den Gaumen durchbohrt; im Mundtrichter nur ein einziger (supraoraler) Hornzahn (Gaumenzahn) . . . . 2. Ord. **Hyperotreta**

1. Ord. **Hyperoartia**

1825 *Cyclostoma* (part.), Latreille, Fam. Règne an., p. 111 | 1832 *Cyclostomi* (part.), Bonaparte, Saggio An. Vert. Sangue freddo, p. 41 | 1835 *Hyperoartia*, J. Müller, Vergl. Anat. Myxinoiden, p. 13 | 1838 *Helminthoidei* (part.), Bonaparte in: N. Ann. Bologna, *v.* 2 p. 133 | 1845 *Hyperoartii*, J. Müller in: Arch. Naturg., *v.* 11 I p. 137 | 1850 *Lampetrae*, Bonaparte, Consp. Syst. Ichthyol. | 1859 *Cyclostomi*, Bleeker in: Acta Soc. Indo-Neêrl., *v.* 6 p. XXXIII | 1866 *Hyperoartia (Petromyzonida)*, Haeckel, Gen. Morphol., *v.* 2 p. CXXI | 1868 *Hyperoarti*, E. D. Cope in: P. Ac. Philad., [*v.* 20] p. 256 | 1873 *Cyclostomata* (part.), Fitzinger in: SB. Ak. Wien, *v.* 67 I p. 57 | 1900 *Disolenia (Petromyzontes)*, Fürbringer in: Morphol. Jahrb., *v.* 28 p. 482 | 1904 *Petromyzontes*, Bridge in: Cambridge nat. Hist., *v.* 7 p. 425 | 1911 *Petromyzontomorphae*, Poche in: Arch. Naturg., *v.* 77 I Suppl. p. 111 | 1924 *Hyperoartii*, Rauther in: Bronn, Kl. Ordn., *v.* 6 Abt. 1 p. 676.

Cyclostomata mit rückwärts blind geschlossenem Nasengang; Mund zum Saugen eingerichtet und mit zahlreichen Hornzähnen; 2 mehr oder weniger voneinander getrennte Dorsalen oder nur 1 Rückenflosse; 7 Kiemenbeutel und 7 äußere Kiemenöffnungen; erwachsene Tiere stets mit gut entwickelten Augen. Den Eiern entschlüpfen Larven (*Ammocoetes*, Querder), die zahnlos sind und keine Zungen besitzen; ihre Augen liegen unter der Haut und sind rudimentär; sie machen eine Metamorphose durch.

1 Familie, die in 2 Unterfamilien zerfällt, 8 Gattungen, von denen 2 in 4 Untergattungen zerfallen, 23 Arten, von denen 3 in 7 Unterarten und 2 in 4 Rassen zerfallen; von letzteren weist eine 1 unsichere Aberration auf.

1. Fam. **Petromyzonidae**

1810 *Lampredini*, Rafinesque, Indice Ittiol. Sicil., p. 49 | 1815 *Cyclostomia* (part.), Rafinesque, Anal. Nat., p. 94 | 1817 „*Suceurs, Cyclostomes*" (part.), G. Cuvier, Règne an., *v.* 2 p. 116 | 1825 *Auloedibranchia,* Latreille, Fam. Règne an., p. 111 | 1826 „*Petromyzides*", A. Risso, Hist. Eur. mérid., *v.* 3 p. 99 | 1832 *Petromyzonidae* (part.), Bonaparte, Saggio An. Vert. Sangue freddo, p. 41 | 1838 *P.*, Bonaparte in: N. Ann. Bologna, *v.* 2 p. 133 | 1839 *P.* (part.), W. Swainson, Hist. Classif. Fish., *v.* 2 p. 196, 337 | 1842 *Petromyzidae* (part.), J. E. Gray, Syn. Brit. Mus., ed. 44 p. 148, 150 | 1845 *Petromyzonini*, J. Müller in: Arch. Naturg., *v.* 11 I p. 137 | 1846 *Petromyzontidae*, Rich. Owen, Lect. vert. Anat., *v.* 1 p. 48 | 1859 *Petromyzontoidei*, Bleeker in: Acta Soc. Indo-Neêrl., *v.* 6 p. XXXIII | 1861 *Petromyzontoidae*, T. Gill, Cat. Fish. East. Coast North Amer., p. 62 | 1863 *Petromyzonini*, C. Siebold, Süßw.-Fische Mitteleur., p. 366 | 1870 *Petromyzontidae*, Alb. Günther, Cat. Fish. Brit. Mus., *v.* 8 p. 499 | 1873 *Petromyzontes*, Fitzinger in: SB. Ak. Wien, *v.* 67 I p. 58 | 1883 *Petromyzontidae*, T. Gill in: P. U. S. Mus., *v.* 5 p. 521 | 1913 *Petromyzonidae*, D. S. Jordan, Tanaka & Snyder in: J. Coll. Japan, *v.* 33 p. 4 | 1924 *P.*, Rauther in: Bronn, Kl. Ordn., *v.* 6 Abt. 1 p. 677 | 1928 *Geotriidae* (part.), Eigenmann in: Mem. Ac. Washington, *v.* 22 p. 27 | 1932 s. Nachtrag.

Mit den Merkmalen der Ordnung.

2 Unterfamilien, 8 Gattungen, von denen 2 in 4 Untergattungen zerfallen, 23 Arten, von denen 3 in 7 Unterarten und 2 in 4 Rassen zerfallen; von letzteren weist eine 1 unsichere Aberration auf.

Bestimmungstabelle der Unterfamilien:

- Die Supraoralzähne stehen nur auf einer Hornplatte; der Rand der Mundscheibe mit gefransten Randlappen und Cirren . . . . . . A. Subfam. **Petromyzoninae**
- Die Supraoralzähne sind auf 2 Hornplatten verteilt; der Rand der Mundscheibe ohne gefransten Randlappen, aber mit Cirren . . . . B. Subfam. **Mordaciinae**

A. Subfam. **Petromyzoninae**

1815 *Lampredia* (part.), Rafinesque, Anal. Nat., p. 94 | 1832 *Petromyzonini* (part.), Bonaparte, Saggio An. Vert. Sangue freddo, p. 41 | 1838 *P.* (part.), Bonaparte in: N. Ann. Bologna, *v.* 2 p. 133 | 1846 *P.* + *Ammocaetini*, Bonaparte, Cat. Pesci Eur., p. 9, 91, 92 | 1851 *Petromyzonina* (part.) + *Ammocoetina*, J. E. Gray, List Fish Brit. Mus., *v.* 1 p. 137 | 1859 *Petromyzontiformes* (part.) + *Ammocoetiformes*, Bleeker in: Acta Soc. Indo-Neêrl., *v.* 6 p. XXXIII | 1883 *Petromyzontinae*, T. Gill in: P. U. S. Mus., *v.* 5 p. 522 1924 *Petromyzoninae*, Rauther in: Bronn, Kl. Ordn., *v.* 6 Abt. 1 p. 677.

Der obere Mundrand weist nur eine einzige Hornplatte auf, der gewöhnlich Zähne aufsitzen (Supraoralzähne); die dicken Lippen des Mundtrichters tragen gefranste Lappen und äußere Cirren.

7 Gattungen, von denen 2 in 4 Untergattungen zerfallen, 20 Arten, von denen 3 in 7 Unterarten und 2 in 4 Rassen zerfallen; von letzteren weist eine 1 unsichere Aberration auf.

Bestimmungstabelle der Gattungen:

1 { 1 Rückenflosse, mit oder ohne eine mehr oder weniger tiefe Einbuchtung . . . . 2. Gen. **Ichthyomyzon**
2 Rückenflossen, die entweder durch einen mehr oder weniger weiten Zwischenraum voneinander getrennt sind, oder einander berühren — **2**

2 { Die Supraoralbezahnung ist deutlich und stark — **3**
Die Supraoralbezahnung ist rudimentär oder fehlend . . 7. Gen. **Exomegas**

3 { Die vordere Lingualzahnplatte in der Mitte mit einer nach rückwärts gebogenen Rille, ihre Vorderkante wird dadurch in 2 gekrümmte, zahlreiche Zahnspitzen tragende Kämme geteilt . . . . 1. Gen. **Petromyzon**
Die vordere Lingualzahnplatte ohne eine nach rückwärts gebogene Rille, ihre Vorderkante gewöhnlich quer gestellt, wenige oder viele Zahnspitzen tragend — **4**

4 { Die Vorderkante der vorderen Lingualzahnplatte trägt nur 2 oder 3 Zähnchen . . . . 6. Gen. **Geotria**
Die Vorderkante der vorderen Lingualzahnplatte ist quer gestellt und trägt mehr als 3 Zähnchen — **5**

5 { Die Supraoralzahnplatte ist schmal und trägt nur einen einzigen Zahn . . . . 3. Gen. **Caspiomyzon**
Die Supraoralzahnplatte ist sehr breit, mit 2 seitlichen, manchmal mit 1 (selten mehr) Zähnchen in der Mitte — **6**

6 { Die breite Supraoralzahnplatte ist stets außer mit den 2 seitlichen Zähnen noch mit einem sehr deutlichen spitzen Mittelzahn ausgestattet . . . . 4. Gen. **Entosphenus**
Die Supraoralzahnplatte besitzt gewöhnlich nur die 2 seitlichen Zähne; finden sich Mittelzähnchen, so sind sie sehr klein, stumpf und körnchenförmig . . . . . . 5. Gen. **Lampetra**

1. Gen. **Petromyzon** L.

1738, *P.*, Artedi, Gen. Pisc., p. 64 | 1758 *P.* (part.), Linné, Syst. Nat., ed. 10 p. 230 | 1851 *P.*, J. E. Gray, List Fish Brit. Mus., *v.* 1 p. 137 | 1870 *P.* (part.), Alb. Günther, Cat. Fish. Brit. Mus., *v.* 8 p. 500 | 1883 Subgen. *Bathymyzon*, T. Gill in: P. U. S. Mus., *v.* 6 p. 254 | 1908 *Oceanomyzon*, H. W. Fowler in: P. Ac. Philad., *v.* 59 p. 461 | 1911 *Petromyzon*, Regan in: Ann. nat. Hist., ser. 8 *v.* 7 p. 198 | 1922 *P.* (part.) + Subgen. *P.*, Creaser & Hubbs in: Occas. Papers Mus. Zool. Michigan, nr. 120 p. 2.

Die Supraoralzahnplatte (Fig. 13) ist sehr schmal und trägt 2 große, dicht beieinander stehende Zähne; die Infraoralzahnplatte ist breit, mit 7 bis 9 Zähnen: jederseits 4 innere Lippenzahnplatten mit je 2 Zähnen; die zahlreichen äußeren Lippenzähne sind in schrägen Bögen auf der Mundscheibe angeordnet; die Zunge (Fig. 14) mit 3 gezähnelten Zahnplatten, die vordere derselben mit einer medianen, nach rückwärts gekrümmten Rille; diese Rille teilt die zähnchentragende Vorderkante der Zahnplatte in 2 gebogene Zähnchenkämme. 2 voneinander getrennte Rückenflossen, die rückwärtige hängt mit dem caudalen Flossensaum zusammen. Ungefähr 70 Myomere zwischen der hintersten Kiemenöffnung und dem After.

1 Art, die in 2 Unterarten zerfällt:

1. **P. marinus** L. 1735, *P. m.*, Linné, Syst. Nat., ed. 1 p. 394 | 1758 *P. m.*, Linné, Syst. Nat., ed. 10 p. 230 | 1818 *P. americanus* + *P. nigricans*, Le Sueur in: Tr. Amer. phil. Soc., *v.* 1 p. 383, 385 | 1831 *P. lampetra,* Pallas, Zoogr. Rosso-Asiat., *v.* 3 p. 66 | 1854 *P. maculosus*, Gronow, Cat. Fish Brit. Mus., p. 2 | 1883 *P. dorsatus*, Wilder MS in: D. S. Jordan & Gilbert in: Bull. U. S. Mus., *v.* 16 p. 867 | 1883 *P. nigricans*

(non Lesueur), D. S. Jordan & Gilbert in: Bull. U. S. Mus., *v.* 16 p. 11 | 1883 *P. (Bathymyzon) bairdii*, T. Gill in: P. U. S. Mus., *v.* 6 p. 254 | 1884 *Petromyzon marinus*, Day, Fish. Brit., *v.* 2 p. 356 t. 178 f. 1, 2 (Mund) | 1885 *P. m. dorsatus*, D. S. Jordan & Fordice in: Ann. N. York Ac., *v.* 3 p. 284 | 1893 *P. d.*, Gage in: Wilder Quart. Cent. Book, p. 425 t. 1 f. 1 & 2, t. 3 f. 5, 6 (Teil des Körpers mit dem Dorsalenzwischenraum), 7 (♂ Analregion), 8 (♀ Analregion), 9 & 10 (beide Ammocoetes-Stadien), t. 5 f. 16, 17, 18 (Mund), t. 6 f. 19, 20 (beide Mund), 24, 25 (Ringknorpel mit Zähnen), t. 7 f. 39 | 1896 *Bathymyzon bairdii*, D. S. Jordan & Evermann in: Bull. U. S. Mus., *v.* 47 p. 9

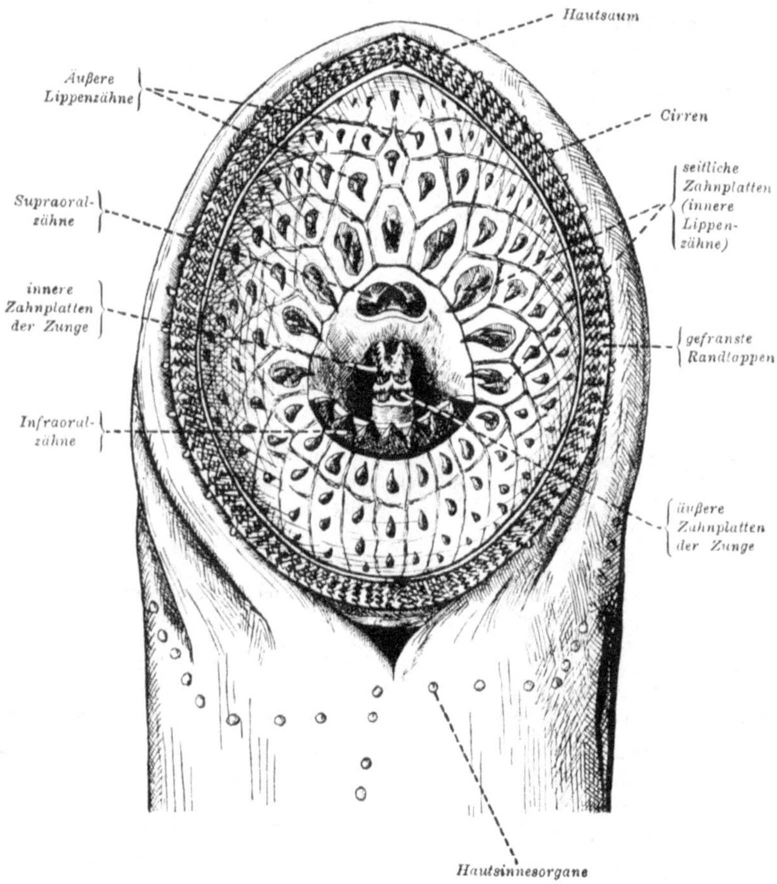

Fig. 13.
Petromyzon marinus L. Mundtrichter. (Nach Rauther, umgezeichnet).

1896 *Petromyzon marinus* + *P. m. unicolor*, D. S. Jordan & Evermann in: Bull. U. S. Mus., *v.* 47 p. 10 t. 1 f. 3 | 1908 *Oceanomyzon wilsoni*, H. W. Fowler in: P. Ac. Philad., *v.* 59 p. 462 f. 1 | 1911 *Petromyzon marinus*, Regan in: Ann. nat. Hist., ser. 8 *v.* 7 p. 198 | 1917 *P. m. dorsatus*, Huntsman in: Ottawa Natural., *v.* 31 p. 23 | 1922 *P. m. d.*, Coventry in: Univ. Toronto Stud., Biol. ser. 20 Fish. Laborat. nr. 9 p. 129 | 1924 *P. m.* + *P. m. d.*, Rauther in: Bronn, Kl. Ordn., *v.* 6 Abt. 1 p. 677 f. 118 A (Mund) & B (Zungenbezahnung), p. 678 | 1928 *P. m. unicolor*, Gage in: Biol. Surv. Oswego River Syst., p. 163 | 1931 *P. m.* + *P. m. dorsatus*, L. S. Berg in: Annuaire Mus. Leningrad, *v.* 32 p. 89.

Mit den Merkmalen der Gattung; L. bis 900 mm; die Färbung ist sehr variabel, sie ändert sich im Alter und nach dem Vorkommen; Unterseite weißlich, Körperseiten mehr oder weniger dunkelbraun bis schwärzlich marmoriert und gefleckt, bis zusammenhängend dunkel; Oberseite schwärzlichbraun bis schwärzlich.

Atlantische Küste von Europa, nördlich vom Weißen Meer und Island nach Süden bis Marokko; westliches Mittelmeer, Adriatisches Meer; Ostsee mit Ausnahme des Bottnischen Meerbusens; atlantische Küste von Nordamerika nach Süden bis Florida.

Marin anadrom, bzw. ausschließlich das Süßwasser bewohnend.

Diese Art zerfällt in 2 Unterarten:

1a. **P. marinus marinus** L. 1735, *P. m.*, Linné, Syst. Nat., ed. 1 p. 394 | 1758 *P. m.*, Linné, Syst. Nat., ed. 10 p. 230 | 1896 *P. m. unicolor*, D. S. Jordan & Evermann in: Bull. U. S. Mus., *v.* 47 p. 10.

Große Form; L. bis 900 mm; marin anadrom (Fig. 15).

Vorkommen oben angeführt.

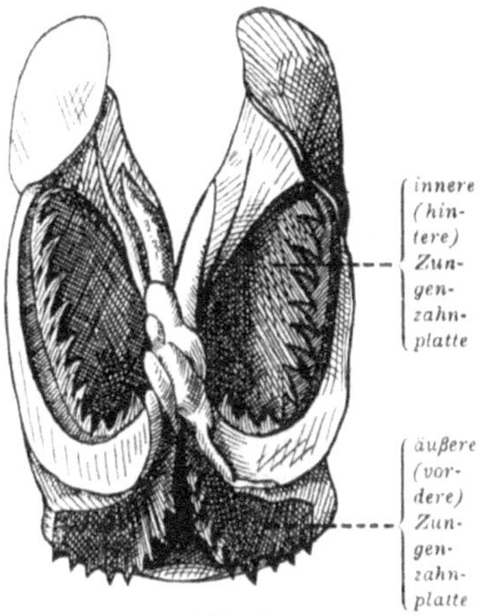

Fig. 14.
Petromyzon marinus L. Zunge.
(Nach Rauther, umgezeichnet).

Fig. 15. **Petromyzon marinus marinus** L.

1b. **P. marinus dorsatus** Wilder MS 1883 *P. nigricans* (non Lesueur), D. S. Jordan & Gilbert in: Bull. U. S. Mus., *v.* 16 p. 11 | 1883 *P. dorsatus*, Wilder MS in: D. S. Jordan & Gilbert in: Bull. U. S. Mus., *v.* 16 p. 867 | 1885 *P. marinus d.*, D. S. Jordan & Fordice in: Ann. N. York Ac., *v.* 3 p. 284 | 1893 *P. d.*, Gage in: Wilder Quart. Cent. Book, p. 425 t. 1 f. 1 & 2, t. 3 f. 5, 6 (Teil des Körpers mit dem Dorsalenzwischenraum), 7 (♂ Analregion), 8 (♀ Analregion), 9 & 10 (beide Ammocoetes-Stadien), t. 5 f. 16, 17, 18 (Mund), t. 6 f. 19, 20 (beide Mund), 24, 25 (Ringknorpel mit Zähnen), t. 7 f. 39 | 1917 *P. marinus d.*, Huntsman in: Ottawa Natural., *v.* 31 p. 23 | 1922 *P. m. d.*, Coventry in: Univ. Toronto Stud., Biol. ser. 20 Fish. Laborat. nr. 9 p. 129 | 1924 *P. m. d.*, Rauther in: Bronn, Kl. Ordn., *v.* 6 Abt. 1 p. 678 | 1928 *P. m. unicolor*, Gage in: Biol. Surv. Oswego River Syst., p. 163 | 1931 *P. m. dorsatus*, L. S. Berg in: Annuaire Mus. Leningrad, *v.* 32 p. 89.

Kleine, ausschließlich im Süßwasser lebende Form; L. bis 350 mm (Fig. 16).

Nordamerika: Cayuga-, Erie-, Ontario-, Seneca- und Oneida-See.

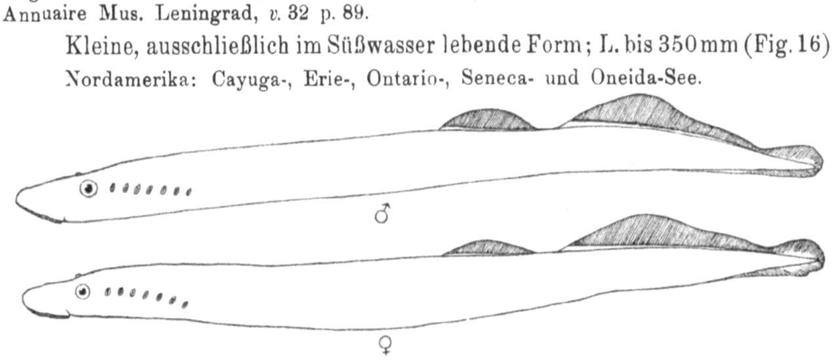

Fig. 16. **Petromyzon marinus dorsatus** Wilder MS. (Nach Gage, vereinfacht).

2. Gen. **Ichthyomyzon** Girard

1858 *I.* + *Scolecosoma*, C. Girard in: Rep. Expl. Railroad Pacif. Ocean, *v.* 10 p. 381, 384 | 1870 *Ichthyomyzon* (part.), Alb. Günther, Cat. Fish. Brit. Mus., *v.* 8 p. 506 | 1878 *Ammocoetes* (part.), D. S. Jordan in: Bull. U. S. geol. geogr. Surv. Terr., *v.* 4 nr. 2 p. 413 | 1885 *Petromyzon* (part.), D. S. Jordan & Fordice in: Ann. N. York Ac., *v.* 3 p. 280 | 1911 *Ichthyomyzon*, Regan in: Ann. nat. Hist., ser. 8 *v.* 7 p. 199 | 1922 *Reighardina*, Creaser & Hubbs in: Occas. Papers Mus. Zool. Michigan, nr. 120 p. 2 | 1924 *Ichthyomyzon*, Rauther in: Bronn, Kl. Ordn., *v.* 6 Abt. 1 p. 678 | 1931 *I.*, L. S. Berg in: Annuaire Mus. Leningrad, *v.* 32 p. 89.

Die Supraoralzahnplatte (Fig. 18) ist sehr schmal, mit 1 bis 4 Zahnspitzen; die Infraoralzahnplatte mit mehreren, gewöhnlich 7 Zähnen; innere Lippenzahnplatten gewöhnlich mit 1 Zahn, manchmal zweizähnig; äußere Lippenzähne sehr zahlreich, in schrägen Bögen auf der Mundscheibe angeordnet; die vordere Zungenzahnplatte ohne eine nach rückwärts gekrümmte Rille, ihre Vorderkante ist einfach quer, mit Zähnchen; die hinteren Zungenzahnplatten sind nicht sichtbar oder fehlend. 1 Rückenflosse, mit einer mehr oder weniger tiefen Einbuchtung; der caudale Flossensaum ist stets mit der rückwärtigen Dorsale verbunden; 49 bis 57 Myomere zwischen der hintersten Kiemenöffnung und dem After.

Kleinere süßwasserbewohnende Arten.

Östliches Nordamerika.

2 Arten.

Bestimmungstabelle der Arten:

Der Durchmesser der ausgebreiteten Mundscheibe ist viel größer als der Körperdurchmesser; die Zähnchen der vorderen Zungenzahnplatte sind deutlich und scharf zugespitzt; alle übrigen Zähne des Mundtrichters sind groß, gut entwickelt und scharf . . . . 1. **I. concolor**

Der Durchmesser der ausgebreiteten Mundscheibe ist nicht größer als der Körperdurchmesser; die Zähnchen der vorderen Zungenzahnplatte sind sehr klein und rundlich; die übrigen Zähne des Mundtrichters sind schwach und stumpf . 2. **I. unicolor**

1. **I. concolor** (Kirtl.) 1840 *Petromyzon argenteus* (non Bloch), Kirtland in: Boston J. nat. Hist., *v.* 3 p. 342 t. 4 f. 3 | 1840 *Ammocoetes concolor*, Kirtland in: Boston J. nat. Hist., *v.* 3 p. 473 t. 27 f. 1a & b (Mund) | 1850 ?*A. borealis*, L. Agassiz, Lake Sup., p. 252 | 1858 *Ichthyomyzon castaneus* + *I. hirudo*, C. Girard in: Rep. Expl. Railroad Pacif. Ocean, *v.* 10 p. 381, 382 | 1864 *I. argenteus*, E. D. Cope in: P. Ac. Philad., [*v.* 22] p. 276 | 1870 *I. castaneus* + *I. hirudo*, Alb. Günther, Cat. Fish. Brit. Mus., *v.* 8 p. 507 | 1876 *Ammocoetes argenteus*, D. S. Jordan, Man. Vert., p. 349 | 1878 *A. a.* + *A. hirudo* + *A. castaneus* + *A. borealis*, D. S. Jordan in: Bull. U. S. geol. geogr. Surv. Terr., *v.* 4 nr. 2 p. 413 | 1882 *Scolecosoma argenteum*, D. S. Jordan in: Geol. Surv. Ohio, Rep. *v.* 4 p. 757 | 1883 *Ichthyomyzon argenteus* + *Petromyzon castaneus*, D. S. Jordan & Gilbert in: Bull. U. S. Mus., *v.* 16 p. 10, 868 | 1885 *P. c.* + *P. concolor*, D. S. Jordan & Fordice in: Ann. N. York Ac., *v.* 3 p. 281, 282 | 1887 *P. bdellium* + *P. concolor*, D. S. Jordan in: Rep. U. S. Fish. Comm., *v.* 13 p. 792 | 1896 *Ichthyomyzon c.* + *I. castaneus*, D. S. Jordan & Evermann in: Bull. U. S. Mus., *v.* 47 p. 11 | 1911 *I. bdellium* + *I. castaneus*, Regan in: Ann. nat. Hist., ser. 8 *v.* 7 p. 199 | 1924 *I. concolor* + *I. castaneus*, Rauther in: Bronn, Kl. Ordn., *v.* 6 Abt. 1 p. 678 | 1931 *I. concolor*, L. S. Berg in: Annuaire Mus. Leningrad, *v.* 32 p. 90 t. 1 & 2 f. 3 (Mund).

Die Mundscheibe (Fig. 18) ist groß, in ausgebreitetem Zustande ist ihr Durchmesser viel größer als der Körperdurchmesser; die Supraoralzahnplatte trägt 1 bis 4 (gewöhnlich 2) Zähne, die Infraoralzahnplatte ist leicht gebogen, mit gewöhnlich 7 Zähnen; die inneren Lippenzahnplatten sind ein- manchmal zweizähnig; die vordere Zungenzahnplatte mit einer queren Reihe deutlicher, scharfer Zähnchen, ohne eine nach rückwärts gekrümmte Rille; die gesamte Bezahnung ist gut entwickelt, die Zähne sind stark und spitz; hintere Zungenzahnplatten gewöhnlich nicht sichtbar, manchmal fehlend; eine Rückenflosse mit einer mehr oder weniger tiefen Einbuchtung oder ohne eine solche, mit dem Caudalflossensaum zusammenhängend; der Darmtractus ist entwickelt.

Fig. 17.
Ichthyomyzon concolor (Kirtl.) (Nach Berg, vereinfacht).

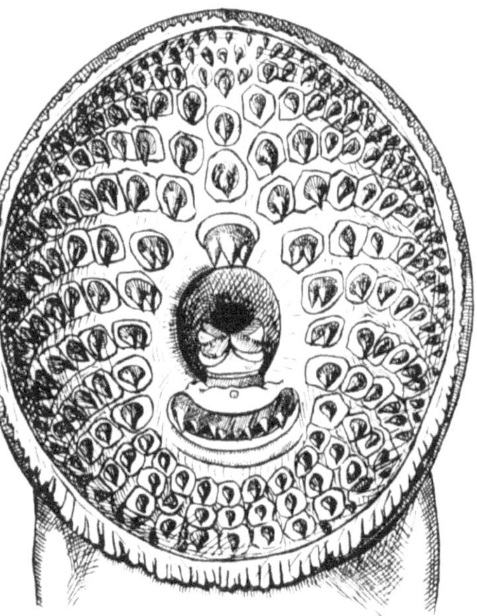

Fig. 18.
Ichthyomyzon concolor (Kirtl.) Mundtrichter. (Nach Berg, umgezeichnet).

Die Färbung ist bauchseits weißlich bis gelblich, oberseits dunkelbläulich, an den Körperseiten heller werdend mit Silberschimmer: häufig bläuliche Tupfen; oberhalb jeder Kiemenöffnung ein schwärzlicher Fleck. L. bis ungefähr 300 mm (Fig. 17).

Östliches Nordamerika: Becken der Hudson-Bai, das Gebiet der großen Seen, die Flüsse Alabama und Mississippi.

2. **I. unicolor** (De Kay) 1842 *Ammocoetes u.*, De Kay in: Nat. Hist. N. York, Zool. *v.* 1 p. 383 t. 79 f. 250 | 1916 *Ichthyomyzon fossor*, Reighard & Cummins in: Occas. Papers Mus. Zool. Michigan, nr. 31 p. 1 t. 1 & 2 (Mund) | 1922 *I. (Reighardina) unicolor*, Creaser & Hubbs in: Occas. Papers Mus. Zool. Michigan, nr. 120 p. 4 | 1924 *I. u.*, Rauther in: Bronn, Kl. Ordn., *v.* 6 Abt. 1 p. 678 | 1931 *I. u.*, L. S. Berg in: Annuaire Mus. Leningrad, *v.* 32 p. 90.

Der Durchmesser der Mundscheibe ist in ausgebreitetem Zustande nicht größer als der Körperdurchmesser; die Beflossung sowie die Bezahnung des Mundtrichters wie bei vorstehender Art, nur sind die Zähne schwach und stumpf; die Zähnchen der vorderen Zungenzahnplatte sind sehr klein, rundlich und abgestumpft; die Färbung ist oberseits dunkel, bräunlich bis bläulich, gegen den Bauch zu heller werdend, letzterer ist weißlich; der Körper zeigt Silberschimmer. Der Verdauungstractus ist verkümmert.

Östliches Nordamerika: Becken der großen Seen.

3. Gen. **Caspiomyzon** L. S. Berg

1906 *C.*, L. S. Berg in: Bull. Ac. St.-Pétersb., ser. 5 *v.* 24 p. 173 | 1907 *Agnathomyzon* + Subgen. *Haploglossa*, Gratzianow in: Dnew. zool., *v.* 3 p. 18 | 1911 *Caspiomyzon*, Regan in: Ann. nat. Hist., ser. 8 *v.* 7 p. 200 | 1924 *C.*, Rauther in: Bronn, Kl. Ordn., *v.* 6 Abt. 1 p. 679 | 1931 *C.*, L. S. Berg in: Annuaire Mus. Leningrad, *v.* 32 p. 90.

Die Supraoralzahnplatte (Fig. 21) ist schmal und trägt nur einen einzigen, stumpfen Zahn; die Infraoralzahnplatte mit 5 stumpfen Zähnen, die beiden äußersten können manchmal zweihöckerig sein; die inneren Lippenzahnplatten durchweg mit je einem stumpfen Zahn; die äußeren Lippenzähne sind zahlreich, in schrägen Bögen angeordnet; die vordere Zungenzahnplatte ohne nach rückwärts gekrümmter Rille, ihre Vorderkante mit einer Reihe untereinander gleichgroßer Zähnchen; 2 Rückenflossen, voneinander durch einen weiten Zwischenraum getrennt oder miteinander in Berührung; die rückwärtige Dorsale steht mit dem caudalen Flossensaum in Verbindung.

Becken des Kaspischen Meeres.

1 Art, die in 2 Rassen zerfällt.

1. **C. wagneri** (K. Kessl.) 1775 *Petromyzon fluviatilis*, Georgi, Reise Russ. Reich, *v.* 2 p. 906 | 1831 *P. lampetra* (part.) + *P. f.* (part.), Pallas, Zoogr. Rosso-Asiat., *v.* 3 p. 66 | 1870 *P. wagneri*, K. Kessler in: Trav. Soc. St.-Pétersb., *v.* 1 p. 207 & 302 t. 3 f. 4 (Mund) & 5 (Zunge) | 1906 *Caspiomyzon w.*, L. S. Berg in: Bull. Ac. St.-Pétersb., ser. 5 *v.* 24 p. 176 | 1907 *Agnathomyzon w.* + *A. (Haploglossa) caspicus*, Gratzianow in: Dnew. zool., *v.* 3 p. 18 | 1907 *Caspiomyzon c.*, Gratzianow in: Trav. Soc. St.-Pétersb., *v.* 6 p. 370 | 1911 *C. wagneri*, Regan in: Ann. nat. Hist., ser. 8 *v.* 7 p. 200 | 1911 *C. w.*, L. S. Berg in: Faune Russie, Poissons *v.* 1 p. 16 f. 4 (Mund) & 5 (Zunge), t. 1 f. 1 | 1922 *Petromyzon (Caspiomyzon) w.*, Creaser & Hubbs in: Occas. Papers Mus. Zool. Michigan, nr. 120 p. 5 | 1924 *Caspiomyzon w.*, Rauther in: Bronn, Kl. Ordn., *v.* 6 Abt. 1 p. 679 | 1931 *C. w.* + *C. w.* forma *praecox*, L. S. Berg in: Annuaire Mus. Leningrad, *v.* 32 p. 90 t. 1 f. 2 & t. 2 f. 4 (Mund).

Fig. 19.
Caspiomyzon wagneri (K. Kessl.) (Nach Berg, vereinfacht).

Mit den Merkmalen der Gattung; größte L. bis 553 mm, gewöhnlich 370 bis 410 mm lang. Die Färbung ist oberseits dunkelbläulichgrau, an den Körperseiten heller, bauchseits weißlich bis gelblichweiß; Silberschimmer (Fig. 19).

Kaspisches Meer, steigt flußaufwärts: Wolga mit den Nebenflüssen Kama, Oka; Ural; Terek; Kura; Flüsse des Lenkoran-Distriktes.

Diese Art zerfällt in 2 Rassen:

1a) **C. wagneri** forma **wagneri** (K. Kessl.) 1870 *Petromyzon w.*, K. Kessler in: Trav. Soc. St.-Pétersb., *v.* 1 p. 207 & 302 t. 3 f. 4 (Mund) & 5 (Zunge) | 1931 *Caspiomyzon w.*, L. S. Berg in: Annuaire Mus. Leningrad, *v.* 32 p. 90.

Größere Form; durchschnittliche L. 370 bis 410 mm.

1b) **C. wagneri** forma **praecox** L. S. Berg 1931 *C. w.* forma *p.*, L. S. Berg in: Annuaire Mus. Leningrad, *v.* 32 p. 90 t. 1 f. 2 & t. 2 f. 4 (Mund).

Viel kleinere Form; größte L. geschlechtsreifer Tiere 191 mm (Fig. 20, 21).

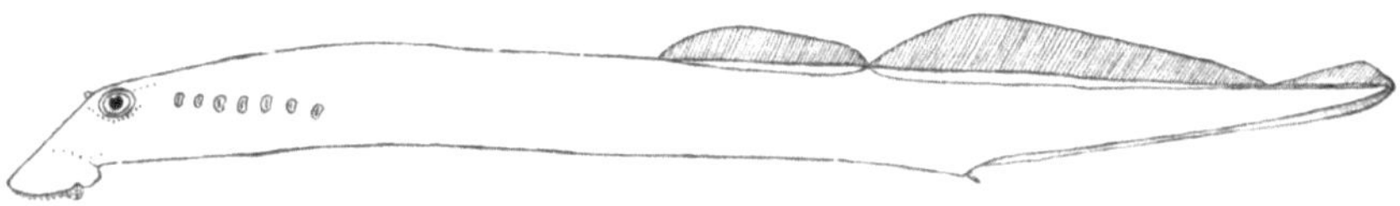

Fig. 20.
Caspiomyzon wagneri forma **praecox** L. S. Berg. (Nach Berg, vereinfacht).

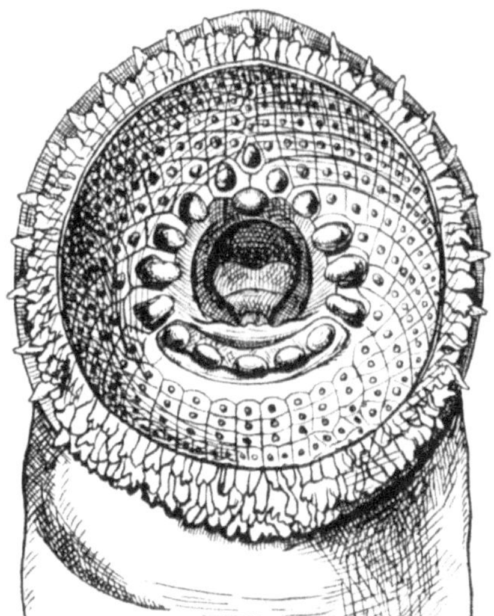

Fig. 21.
Caspiomyzon wagneri forma **praecox** L. S. Berg. Mundtrichter.
(Nach Berg, umgezeichnet).

4. Gen. **Entosphenus** Gill

1862 *E.* (descr. nulla), T. Gill in: P. Ac. Philad., [*v.* 14] p. 331 | 1870 *Ichthyomyzon* (part.), Alb. Günther, Cat. Fish. Brit. Mus., *v.* 8 p. 506 | 1882 *Lampetra,* D. S. Jordan & Gilbert in: Bull. U. S. Mus., *v.* 16 p. 7 | 1885 *Ammocoetes* (part.), D. S. Jordan & Fordice in: Ann. N. York Ac., *v.* 3 p. 290 | 1911 *Entosphenus* (part.), Regan in: Ann. nat. Hist., ser. 8 *v.* 7 p. 201 | 1924 *E.* (part.), Rauther in: Bronn, Kl. Ordn., *v.* 6 Abt. 1 p. 681 | 1931 *E.*, L. S. Berg in: Annuaire Mus. Leningrad, *v.* 32 p. 91.

Größere Petromyzoniden; die Supraoralzahnplatte (Fig. 23) ist breit, mit 3 starken Zähnen; 2 auf jeder Seite und einem etwas kleineren in der Mitte; die Infraoralzahnplatte mit 4 bis 6 Zähnen; jederseits 4 innere Lippenzahnplatten; sie sind ziemlich breit, die beiden vordersten und hintersten sind zweizähnig, die 4 mittleren sind dreizähnig; die äußeren Lippenzähne stehen in einer vorderen Gruppe am vorderen Teile des Mundtrichters und als Kranz längs des Mundscheibenrandes (randständige Lippenzähne); außerdem findet sich eine bogenförmige Reihe unterer äußerer Lippenzähne, die lateral mit den hintersten inneren Lippenzahnplatten in Verbindung steht; die Vorderkante der vorderen Zungenzahnplatte trägt eine Reihe gut entwickelter Zähnchen, von denen das mittelste etwas verbreitert und vergrößert ist; 2 voneinander getrennte Rückenflossen.

Marin anadrom.

Westliche Küste von Nordamerika.

1 Art, die in 2 Unterarten zerfällt.

1. **E. tridentatus** (Richards.) 1836 *Petromyzon t.*, Gairdner (in literis) J. Richardson in: Fauna Bor.-Amer., *v.* 3 p. 293 | 1854 *P. ciliatus*, Ayres in: P. Calif. Ac., *v.* 1 p. 43 | 1858 *P. lividus* + *P. astori*, C. Girard in: Rep. Expl. Railroad Pacif. Ocean, *v.* 10 p. 379, 380 | 1862 *Entosphenus epihexodon* (descr. nulla), T. Gill in: P. Ac. Philad., [*v.* 14] p. 331 | 1870 *Ichthyomyzon tridentatus* + *I. astori*, Alb. Günther, Cat. Fish. Brit. Mus., *v.* 8 p. 506 | 1882 *Lampetra tridentata* + *L. astori* + *L. epihexodon*, D. S. Jordan & Gilbert in: Bull. U. S. Mus., *v.* 16 p. 7, 8 | 1885 *Ammocoetes tridentatus*, D. S. Jordan & Fordice in: Ann. N. York Ac., *v.* 3 p. 291 | 1896 *Entosphenus t.*, D. S. Jordan & Evermann in: Bull. U. S. Mus., *v.* 47 p. 12 t. 1 f. 4 | 1911 *E. t.*, Regan in: Ann. nat. Hist., ser. 8 *v.* 7 p. 201 | 1922 *E. t. tridentatus*, Creaser & Hubbs in: Occas. Papers Mus. Zool. Michigan, nr. 120 p. 6 | 1924 *E. t.* + *E. t. t.* + *E. t. ciliatus*, Rauther in: Bronn, Kl. Ordn., *v.* 6 Abt. 1 p. 680 | 1931 *E. tridentatus* + *E. t. ciliatus*, L. S. Berg in: Annuaire Mus. Leningrad, *v.* 32 p. 91 t. 3 f. 1 (Mund).

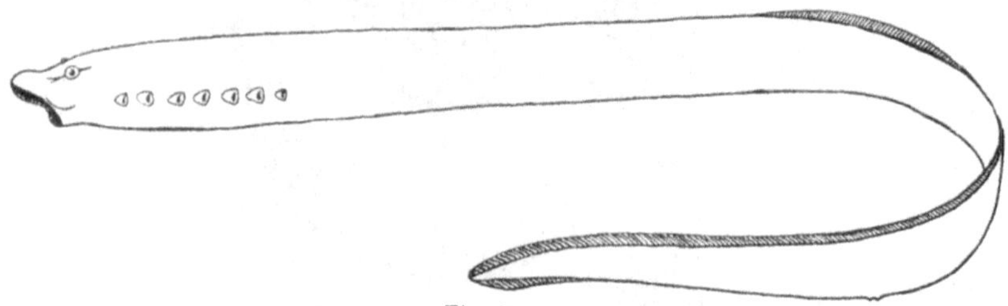

Fig. 22.
Entosphenus tridentatus (Richards.) (Nach Jordan & Evermann, vereinfacht).

Mit den Merkmalen der Gattung; zwischen der hintersten Kiemenöffnung und dem After 57 bis 74 Myomere. L. bis 590 mm. Färbung dunkelbraun, einheitlich, selten fleckig; Bauch weißlich (Fig. 22).

Westküste von Nordamerika, nördlich von Unalaska nach Süden bis Südkalifornien.

Diese Art zerfällt in 2 Unterarten:

1a) **E. tridentatus tridentatus** (Richards.) 1836 *Petromyzon t.*, Gairdner (in literis) J. Richardson in: Fauna Bor.-Amer., *v.* 3 p. 293 | 1922 *Entosphenus t. t.*, Creaser & Hubbs in: Occas. Papers Mus. Zool. Michigan, nr. 120 p. 6 | 1924 *E. t. t.*, Rauther in: Bronn, Kl. Ordn., *v.* 6 Abt. 1 p. 680.

Nördliche Form; zwischen der letzten Kiemenöffnung und dem After 68 bis 74 Myomere (Fig. 23).

Findet sich von Unalaska bis Oregon.

1b) **E. tridentatus ciliatus** (Ayres) 1854 *Petromyzon ciliatus*, Ayres in: P. Calif. Ac., *v.* 1 p. 43 | 1862 *Entosphenus epihexodon* (descr. nulla), T. Gill in: P. Ac. Philad., [*v.* 14] p. 331 | 1882 *Lampetra c.*, D. S. Jordan & Gilbert in: Bull. U. S. Mus., *v.* 16 p. 8 | 1922 *Entosphenus tridentatus ciliatus*, Creaser & Hubbs in: Occas. Papers Mus. Zool. Michigan, nr. 120 p. 6 | 1924 *E. t. c.*, Rauther in: Bronn, Kl. Ordn., *v.* 6 Abt. 1 p. 680 | 1931 *E. t. c.*, L. S. Berg in: Annuaire Mus. Leningrad, *v.* 32 p. 91.

Südliche Form; zwischen der hintersten Kiemenöffnung und dem After 57 bis 67 Myomere.

Findet sich von Oregon bis Südkalifornien.

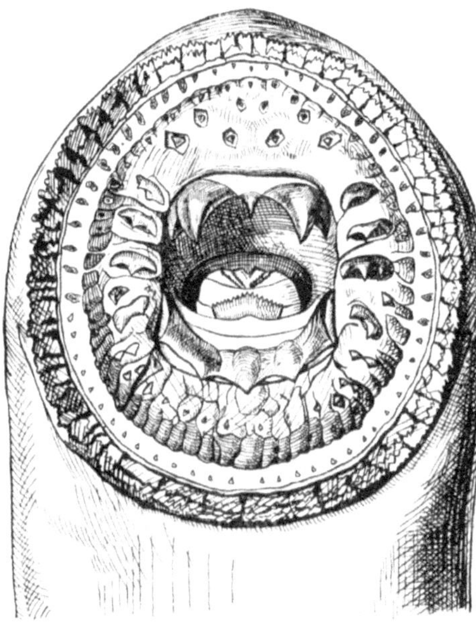

Fig. 23.
Entosphenus tridentatus tridentatus (Richards.) Mundtrichter.
(Nach Berg, umgezeichnet).

5. Gen. **Lampetra** Oken

1758 *Petromyzon* (part.), Linné, Syst. Nat., ed. 10 p. 230 | 1816 *Lampetra*, Oken, Lehrb. Naturg., *v.* 3 II p. 130 | 1851 *L.*, J. E. Gray, List Fish. Brit. Mus., *v.* 1 p. 140 | 1870 *Petromyzon* (part.), Alb. Günther, Cat. Fish. Brit. Mus., *v.* 8 p. 500 | 1878 *Ammocoetes* (part.), D. S. Jordan in: Bull. U. S. geol. geogr. Surv. Terr., *v.* 4 nr. 2 p. 413 | 1885 *A.* (part.), D. S. Jordan & Fordice in: Ann. N. York Ac., *v.* 3 p. 290 | 1911 *Eudontomyzon* + *Entosphenus* (part.) + *Lampetra*, Regan in: Ann. nat. Hist., ser. 8 *v.* 7 p. 200, 201, 202 | 1922 *Petromyzon* (part.) + Subgen. *Eudontomyzon* + *Entosphenus* (part.) + Subgen. *Tetrapleurodon* + Subgen. *Lethenteron* + *Lampetra* + Subgen. *Okkelbergia*, Creaser & Hubbs in: Occas. Papers Mus. Zool. Michigan, nr. 120 p. 5, 6, 7, 8 | 1924 *Eudontomyzon* + *Entosphenus* (part.) + *Lampetra* + Subgen. *Okkelbergia*, Rauther in: Bronn, Kl. Ordn., *v.* 6 Abt. 1 p. 679, 680, 681 | 1931 *Lampetra*, L. S. Berg in: Annuaire Mus. Leningrad, *v.* 32 p. 91.

Die Supraoralzahnplatte (Fig. 24) ist sehr breit, mit jederseits einem sehr starken Zahn, der manchmal zweigeteilt ist; in seltenen Fällen findet sich ein sehr kleines mittleres Zähnchen oder mehrere symmetrisch oder asymmetrisch stehende Zahnkörner. Die Infraoralzahnplatte mit 6 (selten 5) bis 11 Zähnen; 3 oder 4 innere Lippenzahnplatten, die vordersten und hintersten ein- oder zweizähnig, die mittleren zwei- oder dreizähnig; randständige Lippenzähne gewöhnlich vorhanden; die unteren Lippenzähne sind entweder vorhanden oder sie fehlen; die vordere Kante der vorderen Zungenzahnplatte quer, mit 5 bis 19 Zähnchen, von denen das mittelste vergrößert und verbreitert ist; 2 Rückenflossen, die voneinander getrennt sind oder miteinander in Berührung stehen.

Kleinere Formen, zum Teil marin anadrom, zum Teil ausschließlich Süßwasserbewohner.

Europa, Nordasien, Japan, Korea, Mandschurei und Nordamerika.

2 Untergattungen, 10 Arten, von denen eine in 3 Unterarten und eine in 2 Rassen zerfällt; von letzteren weist eine 1 unsichere Aberration auf.

Bestimmungstabelle der Untergattungen:

Die äußeren seitlichen Lippenzähne fehlen, oder es sind von diesen nur Ansätze vorhanden; in diesem Falle sind die seitlichen Supraoralzähne zweigeteilt	5a) Subgen. **Lampetra**
Die äußeren seitlichen Lippenzähne sind stets vorhanden	5b) Subgen. **Eudontomyzon**

5a) Subgen. **Lampetra** Oken

1816 *Lampetra*, Oken, Lehrb. Naturg., *v.* 3 II p. 130 | 1922 *Tetrapleurodon* + *Lethenteron* + *Lampetra* + *Okkelbergia*, Creaser & Hubbs in: Occas. Papers Mus. Zool. Michigan, nr. 120 p. 6, 7, 8 | 1931 *Lampetra*, L. S. Berg in: Annuaire Mus. Leningrad, *v.* 32 p. 91.

Die äußeren seitlichen Lippenzähne fehlen, nur der Kranz randständiger Zähnchen ist vorhanden; ausnahmsweise können Ansätze der seitlichen äußeren Lippenzähne vorhanden sein, dann sind aber die seitlichen Supraoralzähne zweigeteilt.

Europa, Nordasien, Japan, Korea, Mandschurei und Nordamerika.

7 Arten, davon zerfällt eine in 3 Unterarten und eine in 2 Rassen; eine von letzteren weist 1 unsichere Aberration auf.

Bestimmungstabelle der Arten:

1	Die seitlichen Supraoralzähne sind zweigeteilt	7. **L. (L.) lamotteni**
	Die seitlichen Supraoralzähne sind stets einfach — **2**	
2	Die unteren Lippenzähne sind vorhanden, wenn sie fehlen sind die mittelständigen inneren Lippenzahnplatten zweizähnig — **3**	
	Die unteren Lippenzähne fehlen; die mittelständigen inneren Lippenzahnplatten sind dreizähnig — **4**	
3	Auf der Infraoralzahnplatte stehen abwechselnd größere und kleinere Zähne; 4 innere Lippenzahnplatten . . .	2. **L. (L.) spadicea**
	Auf der Infraoralzahnplatte stehen durchweg gleichgroße Zähne, nur die beiden äußersten sind vergrößert — **5**	
4	Größere Art, L. bis 450 mm; geschlechtsreife Tiere mit scharfen, spitzen Zähnen	1. **L. (L.) fluviatilis**
	Kleinere Art, L. höchstens 100 bis 160 mm; geschlechtsreife Tiere mit ausgesprochen stumpfen Zähnen . . .	6. **L. (L.) planeri**
5	Die unteren Lippenzähne sind stets vorhanden und gut entwickelt — **6**	
	Die unteren Lippenzähne sind sehr klein, oder sie fehlen gänzlich	4. **L. (L.) reissneri**

6 { Alle Zähne sind deutlich scharf und zugespitzt; Japanisches Meer, Amur, Kamtschatka, Yukon . . . . 3. **L. (L.) japonica**
Alle Zähne sind deutlich stumpf und an der Spitze abgerundet; östliches Nordamerika . . . . 5. **L. (L.) wilderi**

1. **L. (L.) fluviatilis** (L.) 1735, *Petromyzon f.* + *P. branchialis*, Linné, Syst. Nat., ed. 1 p. 394 | 1758 *P. f.*, Linné, Syst. Nat., ed. 10 p. 230 | 1795 *P. argenteus*, M. E. Bloch, Naturg. ausl. Fische, *v.* 9 p. 74 t. 415 f. 2 | 1798 *P. pricka*, Lacépède, Hist. Poissons, *v.* 1 p. 18 | 1800 *P. ruber*, Lacépède, Hist. Poissons, *v.* 2 p. 99 t. 1 f. 3 | 1816 *Lampetra fluviatilis*, Oken, Lehrb. Naturg., *v.* 3 II p. 131 | 1819 *Petromyzon jurae*, Mac Culloch, West. Isl., *v.* 2 p. 186 t. 29 | 1831 ? *P. camtschatica* + ? *P. lumbricalis*, Pallas, Zoogr. Rosso-Asiat., *v.* 3 p. 67, 69 | 1832 ? *P. caecus*, Couch in: Mag. nat. Hist., *v.* 5 p. 23 f. 9 & 10 | 1851 *Lampetra fluviatilis*, J. E. Gray, List Fish Brit. Mus., *v.* 1 p. 140 | 1852 *L. f.*, J. E. Gray in: P. zool. Soc. London, *v.* 19 p. 237 t. 4 f. 2 (Mund) |

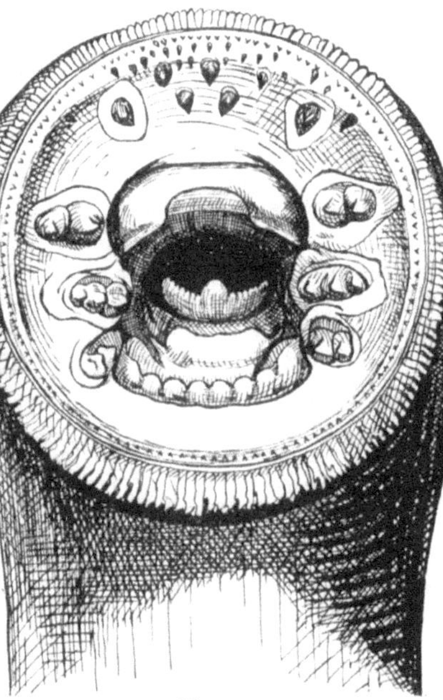

Fig. 24.
Lampetra (Lampetra) fluviatilis (L.), ♂ ad., Mundtrichter.
(Nach Berg, umgezeichnet).

1857 *Petromyzon omalii*, P. J. Beneden in: Bull. Ac. Belgique, ser. 2 *v.* 2 p. 549 t. f. 1, 2 (Mund), 3 (Zähne) | 1870 *P. fluviatilis*, Alb. Günther, Cat. Fish. Brit. Mus., *v.* 8 p. 502 | 1884 *P. f.*, Day, Fish. Brit., *v.* 2 p. 359 t. 179 f. 1 | 1906 *Lampetra f.*, L. S. Berg in: Bull. Ac. St.-Pétersb., ser. 5 *v.* 24 p. 181 | 1907 ? *L. opisthodon*, Gratzianow in: Dnew. zool., *v.* 3 p. 18 | 1911 *L. fluviatilis* + *L. planeri* (part.) (non Bloch), L. S. Berg in: Faune Russie, Poissons *v.* 1 p. 25, 39 f. 6 (Mund), 7 (Zunge), 11 (Mund), 12, 13 (beide Zunge); t. 1 f. 2 | 1911 *L. f.* (part.), Regan in: Ann. nat. Hist., ser. 8 *v.* 7 p. 202 | 1931 *L. f.* + *L. f.* forma *typica* + *L. f.* forma *praecox*, L. S. Berg in: Annuaire Mus. Leningrad, *v.* 32 p. 106, 109, 111 t. 2 f. 1 (♂) & 2 (♀), t. 1 f. 4 & t. 7 f. 2 & 3 (Mund).

Die Supraoralzahnplatte (Fig. 24) ist breit, jederseits mit einem starken Zahn; die Infraoralzahnplatte mit 5 bis 9 (gewöhnlich 7) Zähnen, die in ihrer Größe untereinander gleich sind, höchstens die beiden äußersten Zähne sind vergrößert, oder zweizackig; jederseits 3 innere Lippenzahnplatten, die vorderen und hinteren zweizähnig, die mittleren drei- in seltenen Fällen vierzähnig; seitliche und untere äußere Lippenzähne fehlen; die oberen äußeren Lippenzähne sind nicht zahlreich (4 bis 13) und stehen zerstreut; die Vorderkante der vorderen Zungenzahnplatte trägt 9 bis 17 (gewöhnlich 13 bis 15) Zähnchen, deren mittelstes vergrößert und verbreitert ist; die Zähne sind außerhalb der Laichzeit scharf und spitz, während der Laichzeit stumpf; 2 Rückenflossen, die entweder voneinander getrennt sind (außerhalb der Laichzeit)

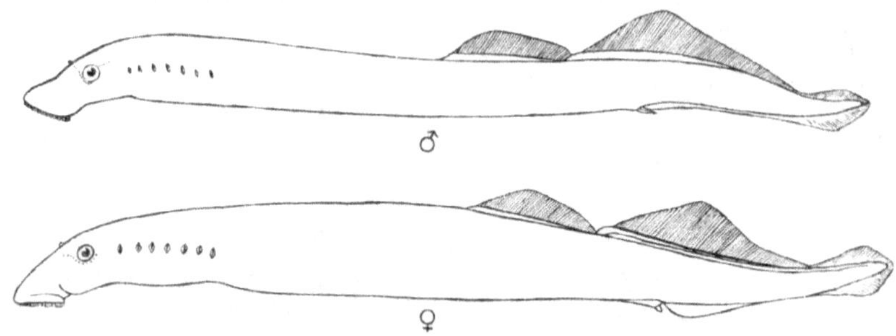

Fig. 25.
Lampetra (Lampetra) fluviatilis (L.) ad. (Nach Berg, vereinfacht).

oder miteinander in Berührung stehen (innerhalb der Laichzeit); der Darmtractus ist stets entwickelt. L. ungefähr 310 bis 330 mm, größte erreichte L. 405 mm. Die Färbung ist oberseits dunkelbleigrau bis grünlichblau, an den Körperseiten heller, bis gelblichweiß werdend, bauchseits ist sie weiß; Flossen mit lila Schein (Fig. 25).

Wandernde Art, die Larven leben im Süßwasser, nach der Metamorphose ziehen sie in das Meer.

Europa von Skandinavien bis an das Mittelmeer, Baltischer Meerbusen, Nordsee, Westküsten von Europa mit Ausnahme der Küsten der Pyrenäischen Halbinsel; fehlt dem Schwarzen und Kaspischen Meer und dem Nördlichen Eismeer; wurde auch aus der San Francisco-Bai und dem Puget-Sund gemeldet.

Diese Art zerfällt in 2 Rassen, eine davon weist 1 unsichere Aberration auf.

1a) **L. (L.) fluviatilis** forma **typica** L. S. Berg 1931 *L. f.* forma *t.*, L. S. Berg in: Annuaire Mus. Leningrad, *v.* 32 p. 109 t. 2 f. 1 (♂) & 2 (♀), t. 7 f. 2 & 3 (Mund).

Fig. 26.
Lampetra (Lampetra) fluviatilis forma **praecox** L. S. Berg. ♂.
(Nach Berg, vereinfacht).

Größere Rasse; L. durchschnittlich 310 bis 330 mm; reife ♀ mit ungefähr 17—40 000 Eiern.

Vorkommen wie oben.

1b) **L. (L.) fluviatilis** forma **praecox** L. S. Berg 1931 *L. f.* forma *p.*, L. S. Berg in: Annuaire Mus. Leningrad, *v.* 32 p. 111 t. 1 f. 4 & t. 7 f. 2 & 3 (Mund).

Kleinere Rasse; L. bis höchstens 270 mm, durchschnittlich 125 bis 250 mm; reife ♀ mit ungefähr 3300 Eiern (Fig. 26, 27).

Die Flüsse: Narova, Okhta, Kavasch, Svir und Vidlitza; die Nevamündung; Ladoga-See.

1 unsichere Aberration.

Fig. 27.
Lampetra (Lampetra) fluviatilis forma **praecox** L. S. Berg. Mundtrichter. (Nach Berg, umgezeichnet).

L. (L.) fluviatilis forma **praecox** aberr. **nigra** L. S. Berg 1931 *L. f.* forma *p.* aberr. *n.*, L. S. Berg in: Annuaire Mus. Leningrad, *v.* 32 p. 111.

Durch die schwarze Körperfärbung ausgezeichnet.

Ladoga-See; in der Nähe der Mündungen der Flüsse Svir und Vidlitza.

2. **L. (L.) spadicea** Bean 1888 *L. s.*, Bean in: P. U. S. Mus., *v.* 10 p. 374 t. 20 f. 6 | 1896 *L. s.*, D. S. Jordan & Evermann in: Bull. U. S. Mus., *v.* 47 p. 13 t. 2 f. 6 | 1911 *Entosphenus spadiceus*, Regan in: Ann. nat. Hist., ser. 8 *v.* 7 p. 201 | 1922 *E. (Tetrapleurodon) s.*, Creaser & Hubbs in: Occas. Papers Mus. Zool. Michigan, nr. 120 p. 6 | 1924 *E. s.*, Rauther in: Bronn, Kl. Ordn., *v.* 6 Abt. 1 p. 680 | 1931 *Lampetra (Lampetra) spadicea*, L. S. Berg in: Annuaire Mus. Leningrad, *v.* 32 p. 98.

Die Supraoralzahnplatte ist breit, jederseits mit einem starken Zahn, dazwischen manchmal mit einem oder 2 sehr kleinen Körnchenzähnen; auf der Infraoralzahnplatte stehen abwechselnd größere und kleinere Zähne, ihre Anzahl beträgt 9; jederseits 4 innere Lippenzahnplatten, die vorderen und hinteren sind zweizähnig, die mittleren zwei- oder dreizähnig; die unteren äußeren Lippenzähne sind vorhanden, die oberen sind sehr zahlreich; die äußeren seitlichen Lippenzähne fehlen; die Vorderkante der vorderen Zungenzahnplatte mit mehreren Zähnchen, das mittelste von ihnen ist vergrößert und verbreitert. 2 Rückenflossen. L. 185 bis 265 mm. Die Färbung ist oberseits dunkel, bleigrau, bräunlich, an den Körperseiten heller werdend; bauchseits ist sie weiß (Fig. 28).

Mexiko: Rio Lerma.

Fig. 28.
Lampetra (Lampetra) spadicea Bean. (Nach Bean, vereinfacht).

3. **L. (L.) japonica** (Marts.) 1836 ? *Petromyzon fluvialis*, J. Richardson in: Fauna Bor.-Amer., *v.* 3 p. 294 | 1858 ? *P. borealis*, C. Girard in: Rep. Expl. Railroad Pacif. Ocean, *v.* 10 p. 377 | 1868 *P. japonicus*, E. Martens in: Arch. Naturg., *v.* 34 I p. 3 t. 1 f. 2 (Mund) | 1870 *P. j.*, Alb. Günther, Cat. Fish. Brit. Mus., *v.* 8 p. 504 | 1872 *P. ernstii*, Dybowski in: Verh. Ges. Wien, *v.* 22 p. 220 | 1878 ? *Ammocoetes fluviatilis*, D. S. Jordan in: Bull. U. S. geol. geogr. Surv. Terr., *v.* 4 nr. 2 p. 413 | 1882 *A. aureus*, Bean in: P. U. S. Mus., *v.* 4 p. 159 | 1883 *A. a.*, D. S. Jordan & Gilbert in: Bull. U. S. Mus., *v.* 16 p. 868 | 1896 *Lampetra aurea*, D. S. Jordan & Evermann in: Bull. U. S. Mus., *v.* 47 p. 13 t. 2 f. 5 | 1897 *Petromyzon fluviatilis* (non L.), Ishikawa, Prelim. Cat. Fish., p. 63 | 1901 *Lampetra japonica,* Hatta in: Annot. zool. Jap., *v.* 4 p. 23 | 1905 *Petromyzon kessleri* + ? *P. dentex*, Anikin in: Izw. Tomsk. Univ., p. 10, 16 | 1911 *Lampetra fluviatilis japonica* (part.) + *L. planeri reissneri* (part.) (non Dybowski), L. S. Berg in: Faune Russie, Poissons *v.* 1 p. 33, 322; p. 42 f. 8, 9 (beide Zunge), 10 (Mund) | 1911 *L. mitsukurii major*, Hatta in: Annot. zool. Jap., *v.* 7 p. 268 t. 9 f. 1 (♂), 2 (♀), 5, 6 (beide Analgegend) | 1911 *Entosphenus japonicus* (part.), Regan in: Ann. nat. Hist., ser. 8 *v.* 7 p. 202 | 1922 *E. (Lethenteron) j.*, Creaser & Hubbs in: Occas. Papers Mus. Zool. Michigan, nr. 120 p. 7 | 1931 *Lampetra (Lampetra) japonica* + *L. (L.) j. septentrionalis* + *L. (L.) j. kessleri*, L. S. Berg in: Annuaire Mus. Leningrad, *v.* 32 p. 98, 100, 102 t. 5 f. 2, 3, 4 & t. 6 f. 1 (sämtliche Mund).

Die breite Supraoralzahnplatte (Fig. 30) jederseits mit einem Zahn; die Infraoralzahnplatte mit 6, manchmal mit 7 durchweg gleichgroßen Zähnen; keine seitlichen äußeren Lippenzähne; obere und untere Lippenzähne vorhanden;

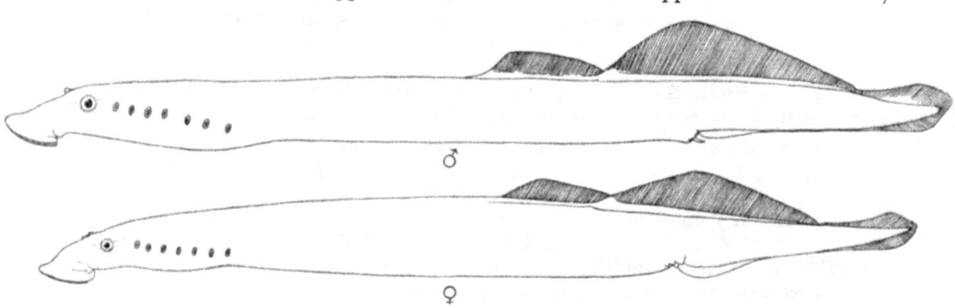

Fig. 29.
Lampetra (Lampetra) japonica (Marts.) (Nach Hatta, vereinfacht).

jederseits 3 innere Lippenzahnplatten, alle zweizähnig; die Vorderkante der vorderen Zungenzahnplatte mit mehreren Zähnchen, das mittelste von ihnen vergrößert und verbreitert; 2 Rückenflossen; außerhalb der Laichzeit sind sie durch einen Zwischenraum voneinander getrennt, innerhalb der Laichzeit stehen sie miteinander in Berührung. L. bis 625 mm. Die Färbung ist blaugrau, bläulicholiv bis bräunlich, oberseits dunkel, an den Körperseiten heller werdend, bauchseits weiß (Fig. 29).

Sowohl marin anadrome, wie auch ausschließlich das Süßwasser bewohnende Formen.

Pazifische Meeresgebiete: Japanisches Meer, östliches Rußland, Korea, Japan, Kamtschatka, Amur, Yukon; Weißes Meer bis zum Ob; Sibirien, rein fluviatil vom Ob bis zum Kolyma und Andyr; Sachalin.

Diese Art zerfällt in 3 Unterarten:

3a) **L. (L.) japonica japonica** (Marts.) 1868 *Petromyzon japonicus*, E. Martens in: Arch. Naturg., *v.* 34 I p. 3 t. 1 f. 2 (Mund) | 1931 *Lampetra (Lampetra) japonica japonica*, L. S. Berg in: Annuaire Mus. Leningrad, *v.* 32 p. 98 t. 5 f. 2 & 3 (sämtliche Mund).

Große Form; marin anadrom; die Eier der reifen Weibchen sind sehr klein, ihre Anzahl beträgt ungefähr 80—100 000; L. bis 625 mm (Fig. 30).

Pazifische Meeresgebiete: Japanisches Meer, östliches Rußland, Korea, Japan, Kamtschatka, Amur, Yukon.

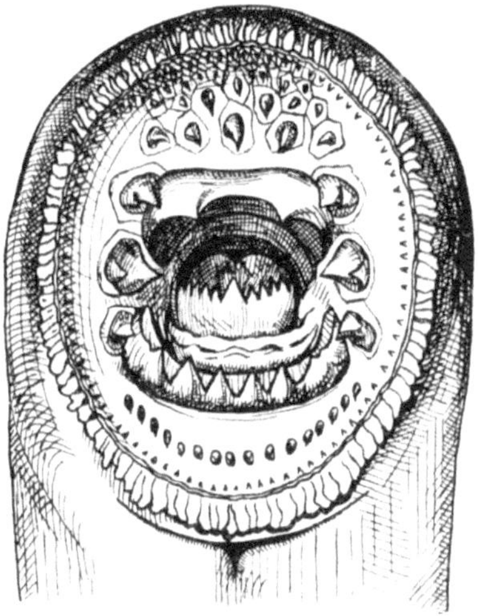

Fig. 30.
Lampetra (Lampetra) japonica japonica (Marts.) Mundtrichter. (Nach Berg, umgezeichnet).

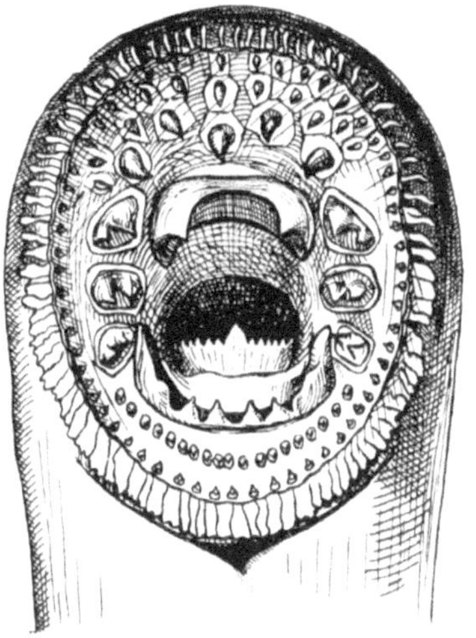

Fig. 31.
Lampetra (Lampetra) japonica septentrionalis L. S. Berg. Mundtrichter. (Nach Berg, umgezeichnet).

3b) **L. (L.) japonica septentrionalis** L. S. Berg 1911 *Lampetra japonica* (part.), L. S. Berg in: Faune Russie, Poissons *v.* 1 p. 33 | 1911 *Entosphenus japonicus* (part.) + *Lampetra fluviatilis* (part.) (non L.), Regan in: Ann. nat. Hist., ser. 8 *v.* 7 p. 202, 203 | 1931 *L. (L.) japonica septentrionalis,* L. S. Berg in: Annuaire Mus. Leningrad, *v.* 32 p. 100 t. 5 f. 4 (Mund).

Kleinere Form: marin anadrom: die Eier der reifen Weibchen sind größer und weniger zahlreich, ungefähr 25000; L. höchstens 430 mm (Fig. 31).

Weißes Meer bis zum Ob.

3c) **L. (L.) japonica kessleri** (Anikin) 1836 ? *Petromyzon fluvialis,* J. Richardson in: Fauna Bor.-Amer., *v.* 3 p. 294 | 1858 ? *P. borealis,* C. Girard in: Rep. Expl. Railroad Pacif. Ocean, *v.* 10 p. 377 | 1905 *P. kessleri* + ? *P. dentex,* Anikin in: Izw. Tomsk. Univ., p. 10, 16 | 1911 *Lampetra fluviatilis japonica* (part.) + *L. planeri reissneri* (part.) (non Dybowski), L. S. Berg in: Faune Russie, Poissons *v.* 1 p. 33, 42 f. 8, 9 (beide Zunge), 10 (Mund) | 1931 *L. (L.) japonica kessleri,* L. S. Berg in: Annuaire Mus. Leningrad, *v.* 32 p. 102 t. 6 f. 1 (Mund).

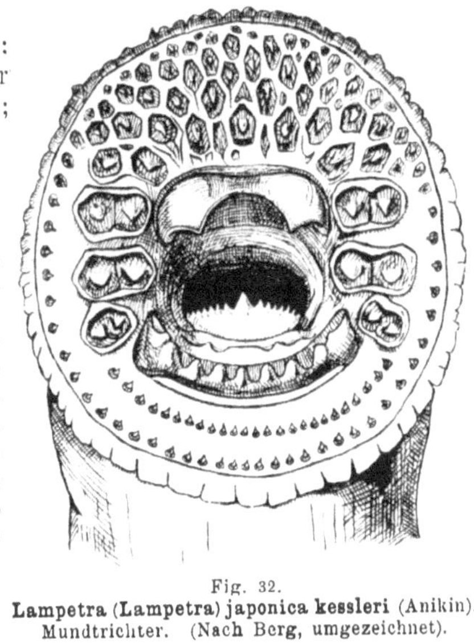

Fig. 32.
Lampetra (Lampetra) japonica kessleri (Anikin). Mundtrichter. (Nach Berg, umgezeichnet).

Sehr kleine Form; ausschließlich das Süßwasser bewohnend; L. höchstens

260 mm; reife Weibchen ohne zahlreiche Eier, ihre Zahl geringer als die bei vorherstehenden Formen (Fig. 32).

Sibirien vom Ob bis zum Kolyma und Andyr; Sachalin.

4. **L. (L.) reissneri** (Dyb.) 1854 ? *Petromyzon plumbeus* (non Shaw), Ayres in: P. Calif. Ac., *v.* 1 p. 27 | 1858 ? *Ammocoetes cibarius*, C. Girard in: Rep. Expl. Railroad Pacif. Ocean, *v.* 10 p. 383 | 1869 *Petromyzon reissneri*, Dybowski in: Verh. Ges. Wien, *v.* 19 p. 958 | 1870 ? *P. ayresii*, Alb. Günther, Cat. Fish. Brit. Mus., *v.* 8 p. 505 | 1878 ? *Ammocoetes plumbeus*, D. S. Jordan in: Bull. U. S. geol. geogr. Surv. Terr., *v.* 4 nr. 2 p. 413 | 1896 ? *Lampetra cibaria*, D. S. Jordan & Evermann in: Bull. U. S. Mus., *v.* 47 p. 13 | 1901 *L. mitsukurii*, Hatta in: Annot. zool. Jap., *v.* 4 p. 24

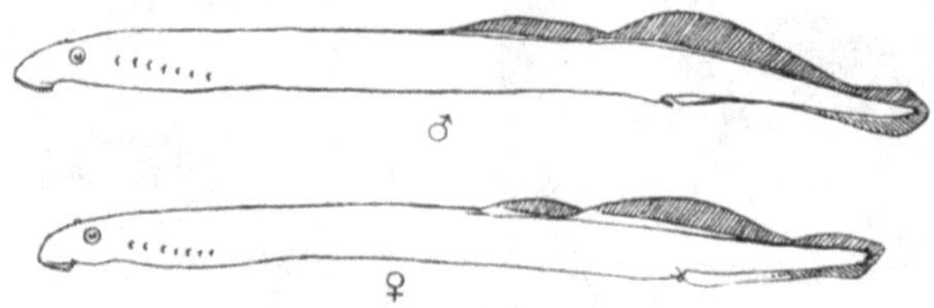

Fig. 33.
Lampetra (Lampetra) reissneri (Dyb.) (Nach Hatta, vereinfacht).

1911 *L. fluviatilis japonica* (part.) + *L. planeri reissneri* (part.), L. S. Berg in: Faune Russie, Poissons *v.* 1 p. 33, 42, 322 | 1911 *L. mitsukurii minor*, Hatta in: Annot. zool. Jap., *v.* 7 p. 268 t. 9 f. 3 (♂), 4 (♀), 7, 8 (Analgegend) | 1911 ? *L. fluviatilis* (part.) (non L.) + *L. planeri* (part.) (non Bloch), Regan in: Ann. nat. Hist., ser. 8 *v.* 7 p. 202, 203 1922 *Entosphenus (Lethenteron) appendix* (part.) (non De Kay) + *Lampetra (Lampetra) fluviatilis* (non L.) + *L. (L.) planeri* (non Bloch), Creaser & Hubbs in: Occas. Papers Mus. Zool. Michigan, nr. 120 p. 7 | 1925 *Entosphenus mitsukurii*, Hubbs in: Papers Michigan Ac. Sci., *v.* 4 p. 589 | 1931 *Lampetra (Lampetra) reissneri*, L. S. Berg in: Annuaire Mus. Leningrad, *v.* 32 p. 103 t. 6 f. 2, 3 & t. 7 f. 1 (sämtliche Mund).

Die Supraoralzahnplatte (Fig. 34) ist breit, jederseits mit einem Zahn; die Infraoralzahnplatte gewöhnlich mit 6 gleichgroßen Zähnchen, nur die beiden äußersten sind vergrößert; 3 innere Lippenzahnplatten, durchweg zweizähnig,

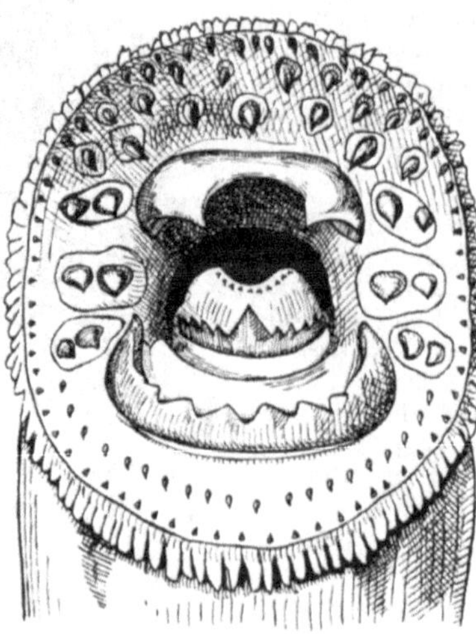

Fig. 34.
Lampetra (Lampetra) reissneri (Dyb.) Mundtrichter. (Nach Berg, umgezeichnet).

manchmal sind die beiden vorderen einzähnig; die oberen Lippenzähne sind vorhanden; die seitlichen äußeren Lippenzähne und sehr häufig auch die unteren fehlen; wenn letztere sich vorfinden, sind sie sehr klein und sehr spärlich gesetzt; die Vorderkante der vorderen Zungenzahnplatte in der Mitte mit einem vergrößerten und verbreiterten Zähnchen, an das sich rechts und links mehrere sehr kleine anschließen; 2 Rückenflossen, mehr oder weniger voneinander getrennt, oder miteinander in Berührung. L. gewöhnlich 120 bis 180 mm, manchmal bis zu 220 mm lang. Die Färbung ist bläulichgrau, oberseits dunkel, an den Körperseiten heller werdend, bauchseits weiß (Fig. 33).

Marin anadrom.

Pazifische Küste Nordasiens vom Amur bis Transbaikalien, Pazifischer Ozean, Japanisches Meer; pazifische Küste von Nordamerika, von Alaska bis Kalifornien.

5. **L. (L.) wilderi** Gage MS. 1820 *Petromyzon nigrum*, Rafinesque, Ichthyol. Ohiens., p. 84 | 1842 *P. appendix*, De Kay in: Nat. Hist. N. York, Zool. *v.* 1 p. 381 t. 64 f. 211 | 1878 *Ammocoetes niger*, D. S. Jordan in: Bull. U. S. geol. geogr. Surv. Terr., *v.* 4 nr. 2 p. 413 | 1882 *A. n.*, D. S. Jordan & Gilbert in: Bull. U. S. Mus., *v.* 16 p. 9 | 1885 *A. branchialis*, D. S. Jordan & Fordice in: Ann. N. York Ac., *v.* 3 p. 293 | 1893 *Petromyzon b.* (non L.), Gage in: Wilder Quart. Cent. Book, p. 436 t. 4 f. 11, 12, 13 (Caudalregion eines eben metamorphosierten Tieres), 14 (♀ Caudalregion), 15 (Ammocoetes-Stadium) & t. 6 f. 21 (Mund), 26 (Ringknorpel mit Zähnen) | 1896 *Lampetra wilderi*, Gage MS. in: D. S. Jordan & Evermann in: Bull. U. S. Mus., *v.* 47 p. 13 | 1911 *Entosphenus w.*, Regan in: Ann. nat. Hist., ser. 8 *v.* 7 p. 202 | 1922 *E. (Lethenteron) appendix* (part.) (non De Kay), Creaser & Hubbs in: Occas. Papers Mus. Zool. Michigan, nr. 120 p. 7 | 1928 *Lampetra wilderi*, Gage in: Biol. Surv. Oswego River Syst., p. 263 f. 2 | 1931 *L. (L.) w.*, L. S. Berg in: Annuaire Mus. Leningrad, *v.* 32 p. 105 t. 6 f. 4 (Mund).

Die Supraoralzahnplatte (Fig. 36) trägt außer den 2 seitlichen Zähnen dazwischen 1 oder 2 kleine körnchenförmige Zähnchen; die Infraoralzahnplatte trägt 5 bis 9 gleichgroße Zähne; die seitlichen äußeren Lippenzähne fehlen;

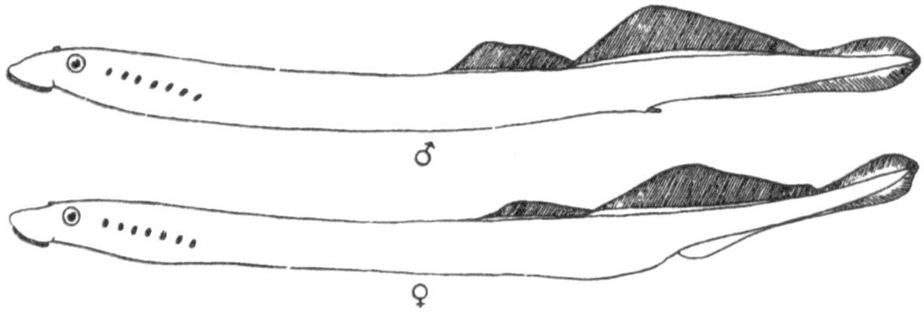

Fig. 35.
Lampetra (Lampetra) wilderi Gage MS. (Nach Gage, vereinfacht).

untere und obere Lippenzähne sind stets vorhanden; 3 innere Lippenzahnplatten, jede mit 2 Zähnen; die Zungenbezahnung ist schwach; überhaupt sind sämtliche Zähne sowohl innerhalb, als auch außerhalb der Laichzeit schwach und abgestumpft. Zwischen der letzten Kiemenöffnung und dem After werden 67 Myomere gezählt; 2 einander berührende Rückenflossen; erwachsene, laichreife Tiere mit degeneriertem Darmtractus. L. bis 156 mm. Die Färbung ist dunkelbleigrau bis schwärzlich, an den Körperseiten heller werdend, bauchseits ist sie weiß (Fig. 35).

Ausschließlich das Süßwasser bewohnend.

Östliches Nordamerika: Vom südlichen Neuengland und nördlichen New York nach Süden bis Maryland, nach Westen bis Wiskonsin und Iowa (Zuflüsse der großen Seen, des Ohio und Mississippi).

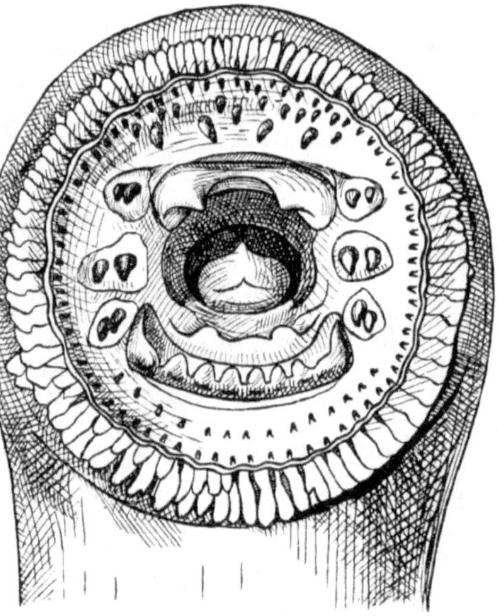

Fig. 36.
Lampetra (Lampetra) wilderi Gage MS. (Nach Berg, umgezeichnet).

6. **L. (L.) planeri** (Bl.) 1784 *Petromyzon p.*, M. E. Bloch, Naturg. Fische Deutschl., *v.* 3 p. 47 t. 78 f. 3 | 1800 *P. sanguisuga*, Lacépède, Hist. Poissons, *v.* 2 p. 101 | 1802 *P. septocuille* + *P. niger*, Lacépède, Hist. Poissons, *v.* 4 p. 667 t. 15 f. 1 & 2 | 1803 *P. bicolor* + ? *P. plumbeus*. G. Shaw, Gen. Zool., *v.* 4 p. 263 | 1816 *Lampetra planeri*, Oken, Lehrb. Naturg., *v.* 3 II p. 131 | 1851 *L. p.*, J. E. Gray, List Fish Brit. Mus., *v.* 1 p. 141 | 1870 *Petromyzon branchialis*. Alb. Günther, Cat. Fish. Brit. Mus., *v.* 8 p. 504 | 1906 *Lampetra planeri*, L. S. Berg in: Bull. Ac. St.-Pétersb., ser. 5 *v.* 24 p. 181 | 1911 *L. p.* (part.), L. S. Berg in: Faune Russie, Poissons *v.* 1 p. 39 f. 11 (Mund), 12, 13 (beide Zunge); t. 1 f. 2 | 1911 *L. p.* (part.), Regan in: Ann. nat. Hist., ser. 8 *v.* 7 p. 203 | 1924 *L. p.*, Rauther in: Bronn, Kl. Ordn., *v.* 6 Abt. 1 p. 681 f. 119 (Mund) | 1931 *L. (L.) p.*, L. S. Berg in: Annuaire Mus. Leningrad, *v.* 32 p. 113 t. 7 f. 4 (Mund).

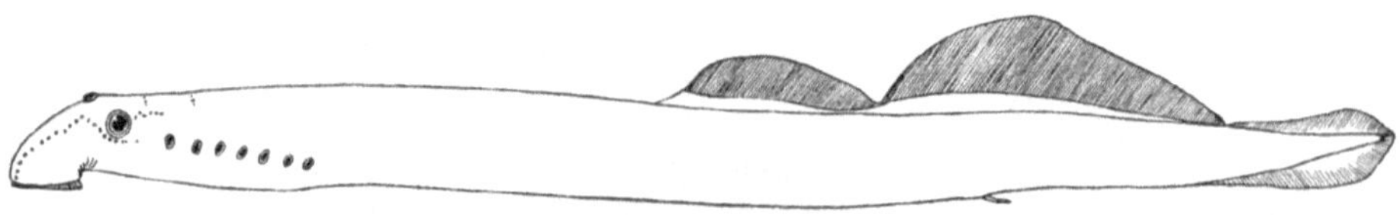

Fig. 37.
Lampetra (Lampetra) planeri (Bl.) (Nach Berg, umgezeichnet).

Die breite Supraoralzahnplatte (Fig. 38) jederseits mit einem starken Zahn; die Infraoralzahnplatte mit 5 bis 9 (gewöhnlich mit 7) gleichgroßen Zähnen; jederseits 3 innere Lippenzahnplatten, die vorderen und hinteren zwei-, die mittleren dreizähnig; obere und randständige Lippenzähne sind vorhanden, die seitlichen äußeren und die unteren Lippenzähne fehlen; die Vorderkante der vorderen Zungenzahnplatte mit mehreren Zähnchen, von denen das mittelste vergrößert und verbreitert ist; zwischen der letzten Kiemenöffnung und dem After werden 56 bis 60 Myomere gezählt; 2 Rückenflossen,

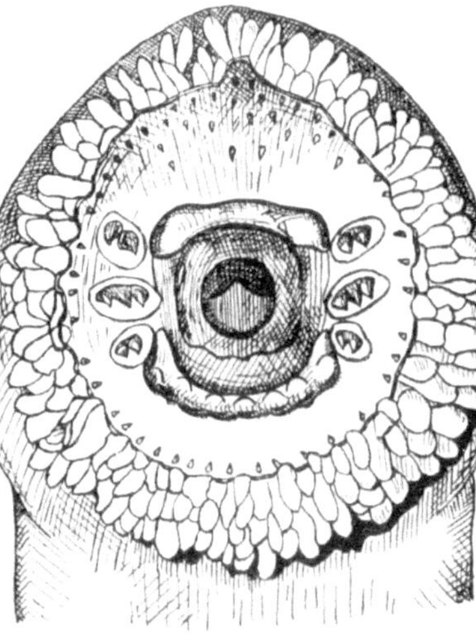

Fig. 38.
Lampetra (Lampetra) planeri (Bl.) Mundtrichter. (Nach Berg, umgezeichnet).

entweder voneinander getrennt oder miteinander in Berührung. L. 100 bis 160 mm. Die Färbung ist oberseits dunkelbläulichgrün, an den Körperseiten in gelblichweiß übergehend, bauchseits ist sie weiß (Fig. 37).

Ausschließlich das Süßwasser bewohnend.

Europa nach Süden bis Unteritalien; fehlt den Polargegenden und dem Becken des Schwarzen Meeres; Nordasien; westliches Nordamerika.

7. **L. (L.) lamotteni** (Lsr. MS.) 1842 *Petromyzon l.*, Le Sueur MS. in: De Kay in: Nat. Hist. N. York, Zool. *v.* 1 p. 382 t. 79 f. 249 | 1861 *Ammocoetes aepyptera*, Abbott in: P. Ac. Philad., (1860) p. 327 | 1907 *Lampetra a.*, Abbott in: P. Ac. Philad., *v.* 59 p. 466 f. 2 | 1922 *L. (Okkelbergia) lamotteni*, Creaser & Hubbs in: Occas. Papers Mus. Zool. Michigan, nr. 120 p. 14 t. 1 (Mund) | 1924 *L. (O.) l.*, Rauther in: Bronn, Kl. Ordn., *v.* 6 Abt. 1 p. 681.

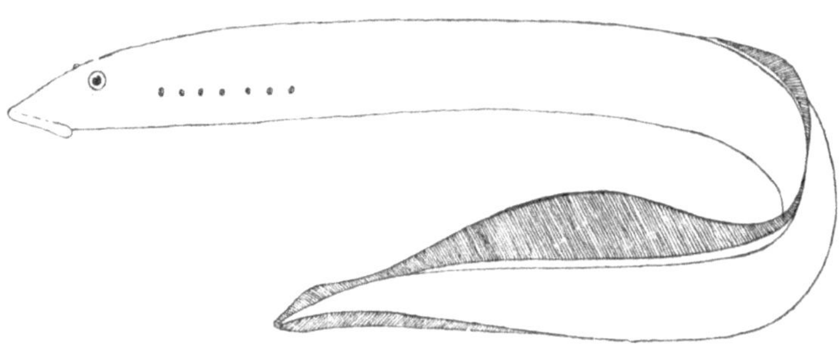

Fig. 39.
Lampetra (Lampetra) lamotteni (Lsr. MS.) (Nach Abbott, vereinfacht).

Die verhältnismäßig schmale Supraoralzahnplatte (Fig. 40) trägt jederseits einen stumpfen Zahn, der zweigeteilt ist; die Infraoralzahnplatte besitzt keine deutlichen Zähne, ihr Kamm ist schwach gekörnt oder nahezu glatt; sehr kleine randständige äußere Lippenzähne sind vorhanden; von den seitlichen äußeren Lippenzähnen sind nur Ansätze vorhanden, die unteren fehlen gänzlich, von den oberen finden sich nur wenige, gewöhnlich 4; 3 innere kleine Lippenzahnplatten, zuweilen einzähnig oder mit 2 bis 3 abgesonderten, mehr oder

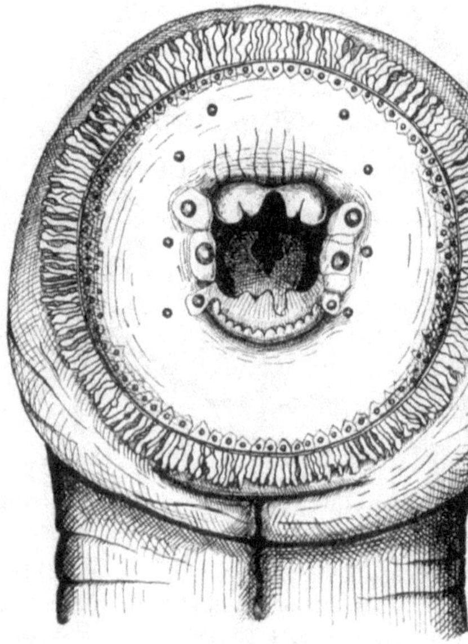

Fig. 40.
Lampetra (Lampetra) lamotteni (Lsr. MS.) Mundtrichter.
(Nach Creaser & Hubbs, umgezeichnet).

weniger voneinander getrennten schwachen Zähnen; die Zungenbezahnung ist verkümmert; von allen übrigen Petromyzoniden weist diese Art die schwächste und rudimentärste Bezahnung auf. 2 Rückenflossen, teilweise miteinander zusammenhängend. L. ungefähr 130 mm. Die Färbung ist braun, oberseits dunkel, an den Körperseiten heller werdend; bauchseits ist sie weiß; die Flossen sind gelblich (Fig. 39).

Nur im Süßwasser.

Ohio- und Potomac-Becken.

5b) Subgen. **Eudontomyzon** Regan

1911 Gen. *E.*, Regan in: Ann. nat. Hist., ser. 8 *v.* 7 p. 200 | 1922 *E.*, Creaser & Hubbs in: Occas. Papers Mus. Zool. Michigan, nr. 120 p. 5 | 1931 *E.*, L. S. Berg in: Annuaire Mus. Leningrad, *v.* 32 p. 92.

Die seitlichen äußeren Lippenzähne sind stets vorhanden.

Ausschließlich im Süßwasser vorkommend.

Theiß-Becken (Transsylvanien), Südrußland, oberer Yalu-Fluß.

3 Arten.

Bestimmungstabelle der Arten:

1 { Der untere Teil der Mundscheibe trägt eine einfache Reihe gewöhnlicher und ein breites ununterbrochenes Band schwacher borstenförmiger Zähne . . . . 8. **L. (E.) danfordi**
Kein Band schwacher, borstenförmiger Zähne am unteren Teil der Mundscheibe; eine einfache Reihe gewöhnlicher unterer Lippenzähne ist vorhanden oder sie fehlt — **2**

2 { Eine gebogene, parallel zum unteren Mundscheibenrande verlaufende, einfache Reihe gewöhnlicher Zähne ist vorhanden, die sich rechts und links an die hinteren inneren Lippenzahnplatten anschließt . . . . 9. **L. (E.) morii**
Der untere Teil der Mundscheibe entbehrt einer gebogenen, einfachen Reihe gewöhnlicher Zähne, seine Bezahnung ist schütter und unregelmäßig . . . . 10. **L. (E.) mariae**

8. **L. (E.) danfordi** Regan 1858 *Petromyzon fluviatilis* (part.) (non L.) + *P. planeri* (part.) (non Bloch), Heckel & Kner, Süssw.-Fische Oesterr. Monarch., p. 379, 380 f. 203 | 1909 ? *Lampetra f.* (non L.), Antipa, Fauna Ichtiol. Românei, p. 276 t. 30 f. 149 | 1911 *Eudontomyzon danfordi.* Regan in: Ann. nat. Hist., ser. 8 *v.* 7 p. 200 | 1922 *Petromyzon (Eudontomyzon) d.*, Creaser & Hubbs in: Occas. Papers Mus. Zool. Michigan, nr. 120 p. 5 | 1924 *Eudontomyzon d.*, Rauther in: Bronn, Kl. Ordn., *v.* 6 Abt. 1 p. 679 | 1925 *Lampetra bergi*, Vladykov in: Zool. Anz., *v.* 64 p. 251 | 1931 *L. (Eudontomyzon) danfordi*, L. S. Berg in: Annuaire Mus. Leningrad, *v.* 32 p. 93 t. 3 f. 2, 3 (sämtliche Mund).

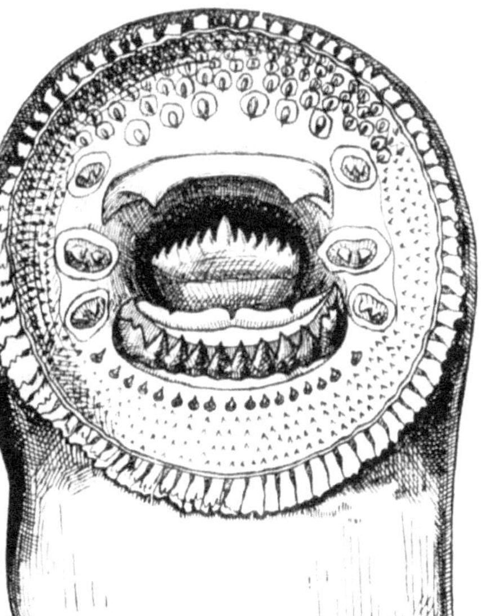

Fig. 41.
Lampetra (Eudontomyzon) danfordi Regan. Mundtrichter. (Nach Berg, umgezeichnet).

Ausgezeichnet durch die zahlreichen borstenförmigen Lippenzähne (Fig. 41), die mehr oder weniger radiär auf der Mundscheibe angeordnet sind; am unteren Teil der Mundscheibe stehen sie in mehreren Reihen, dadurch auf derselben ein breites Zähnchenband bildend; außerdem findet sich hier eine einfache, gebogene, parallel zum unteren Scheibenrande verlaufende Reihe gewöhnlicher Zähne, die rechts und links an die hinteren inneren Lippenzahnplatten anschließt; die Infraoralzahnplatte trägt 9 bis 11 Zähne; jederseits 3 innere Lippenzahnplatten, die vorderen und hinteren sind ein- oder zweizähnig, die mittleren zwei- oder dreizähnig; die Vorderkante der vorderen Zungenzahnplatte trägt 13 Zähnchen, von denen das mittelste vergrößert und verbreitert ist; die Bezahnung ist im allgemeinen scharf und spitz. L. bis 300 mm. Färbung?

Ausschließlich im Süßwasser vorkommend.

Theiß-Becken (Transsylvanien), Karpathorußland; wahrscheinlich auch im mittleren und unteren Donaubecken.

9. **L. (E.) morii** L. S. Berg 1928 *L. fluviatilis* subsp. *Mori*, L. S. Berg in: J. Chosen nat. Hist. Soc., nr. 6 p. 9 | 1931 *L. (Eudontomyzon) morii*, L. S. Berg in: Annuaire Mus. Leningrad, *v.* 32 p. 97 t. 5 f. 1 (Mund).

Fig. 42.
Lampetra (Eudontomyzon) morii L. S. Berg. Mundtrichter. (Nach Berg, umgezeichnet).

Die Supraoralzahnplatte (Fig. 42) ist breit, jederseits mit einem starken Zahn ausgestattet; die Infraoralzahnplatte trägt 6 bis 8 kräftige, scharfe Zähne, von denen die beiden äußersten zweispitzig sind; auf dem unteren Teil der Mundscheibe kein Band borstenförmiger Zähne, nur eine einfache, gebogene, zum unteren Scheibenrand parallel verlaufende Reihe gewöhnlicher Zähne, die sich rechts und links an die unteren inneren Lippenzahnplatten anschließt; die inneren Lippenzahnplatten sind alle zweizähnig; die Vorderkante der vorderen Zungenzahnplatte trägt 19 Zähnchen, von denen das mittelste vergrößert und verbreitert ist. L. 153 bis 220 mm. Färbung?

Ausschließlich im Süßwasser vorkommend.

Oberer Yalu-Fluß, Mandschurei.

10. **L. (E.) mariae** L. S. Berg 1831 *Petromyzon fluviatilis* (part.) (non L.), Pallas, Zoogr. Rosso-Asiat., *v.* 3 p. 66 | 1850 *P. planeri* (non Bloch), Czernay in: Bull. Soc. Moscou, *v.* 23 I p. 633 | 1911 *Lampetra p.* (part.) (non Bloch), L. S. Berg in: Faune Russie, Poissons *v.* 1 p. 39 | 1931 *L. (Eudontomyzon) mariae*, L. S. Berg in: Annuaire Mus. Leningrad, *v.* 32 p. 94 t. 1 f. 3 & t. 4 f. 1—4 (sämtliche Mund).

Die breite Supraoralzahnplatte (Fig. 44) mit 2 seitlichen großen Zähnen, dazwischen manchmal ein kleines körnchenförmiges Zähnchen, das entweder symmetrisch oder asymmetrisch auf der Supraoralzahnplatte stehen kann;

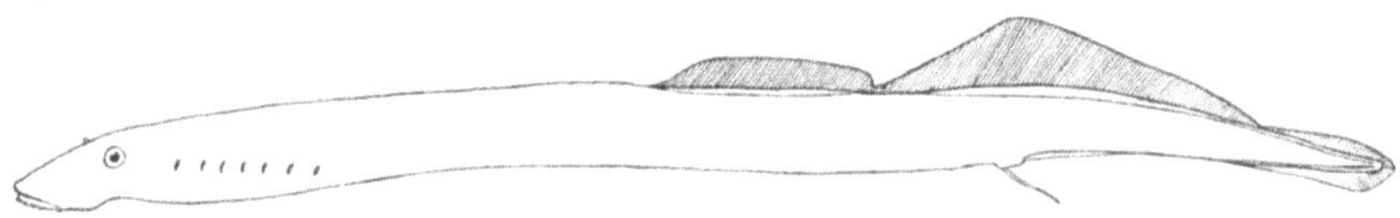

Fig. 43.
Lampetra (Eudontomyzon) mariae L. S. Berg, ♂ ad. (Nach Berg, vereinfacht).

in seltenen Fällen können 3 solcher Zähnchen sich daselbst vorfinden; die Infraoralzahnplatte mit 5 bis 10 (gewöhnlich 7 bis 8) Zähnen, die bei geschlechtsreifen Tieren scharf und spitz sind; 3 oder 4 innere Lippenzahnplatten jederseits, die vorderen und hinteren einzähnig, die mittleren gewöhnlich zweizähnig; die äußeren Lippenzähne sind vorhanden, am unteren Teil der Mundscheibe stehen sie spärlich zerstreut und bilden hier kein Zahnband; eine bogenförmige einfache Reihe gewöhnlicher Zähne fehlt dem unteren Teil der Mundscheibe; die Vorderkante der vorderen Zungenzahnplatte trägt in der Mitte einen vergrößerten und verbreiterten Zahn, an den sich rechts

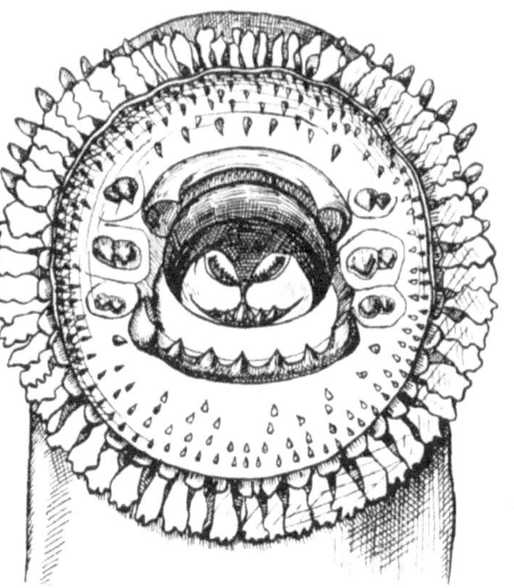

Fig. 44.
Lampetra (Eudontomyzon) mariae L. S. Berg. Mundtrichter. (Nach Berg, umgezeichnet).

und links je 2 kleine Zähnchen anschließen; 2 Rückenflossen, die voneinander getrennt sind oder miteinander in Berührung stehen. L. 134 bis 206 mm. Die Färbung ist oberseits und an den Körperseiten schwärzlich, bauchseits ist sie weiß (Fig. 43).

Ausschließlich im Süßwasser.

Östliches Europa vom Pruth bis zum Don und Kuban.

6. Gen. **Geotria** Gray

1851 *G.* + *Velasia*, J. E. Gray, List Fish Brit. Mus., *v.* 1 p. 137, 142, 143 | 1852 *G.* + *V.*, J. E. Gray in: P. zool. Soc. London, *v.* 19 p. 235, 238 | 1857 *Thysanochilus*, Troschel in: A. Philippi in: Arch. Naturg., *v.* 23 I p. 268 Anm. | 1870 *Geotria*, Alb. Günther, Cat. Fish. Brit. Mus., *v.* 8 p. 508 | 1872 *Yarra* + *Neomordacia*, F. Castelnau in: P. zool. Soc. Victoria, *v.* 1 p. 231, 232 | 1897 *Macrophthalmia*, Plate in: SB. Ges. Fr. Berlin, p. 137 | 1911 *Geotria* (part.), Regan in: Ann. nat. Hist., ser. 8 *v.* 7 p. 196 | 1924 *G.*, Rauther in: Bronn, Kl. Ordn., *v.* 6 Abt. 1 p. 682 | 1932 s. Nachtrag.

Die Supraoralzahnplatte (Fig. 46) ist breit, jederseits mit einem breiten, flachen Außenzahn; zwischen den beiden Außenzähnen stehen 2 (selten 3) etwas kleinere Innenzähne; die Infraoralzahnplatte ist entweder glatt oder gezähnelt; keine inneren Lippenzahnplatten, die Lippenzähne sind zahlreich und in schrägen Bögen auf der Mundscheibe angeordnet; die Vorderkante der vorderen Zungenzahnplatte mit 2 oder 3 Zähnen; 2 ungefähr gleichgroße Rückenflossen, die rückwärtige steht mit dem caudalen Flossensaum nicht in Berührung, sondern ist von diesem durch einen Zwischenraum getrennt.

2 Untergattungen mit 4 Arten.

Bestimmungstabelle der Untergattungen:

Die Lippenzähne sind weitläufig gestellt; die Mundscheibe ist sehr groß; ein sehr großer Kehlsack ist vorhanden . . . . 6 a) Subgen. **Geotria**

Die Lippenzähne sind sehr dicht gestellt; kein großer Kehlsack, höchstens nur eine Anschwellung . . . . 6 b) Subgen. **Velasia**

6 a) Subgen. **Geotria** Gray

1851 Gen. *G.*, J. E. Gray, List Fish Brit. Mus., *v.* 1 p. 142 | 1924 *G.*, Rauther in: Bronn, Kl. Ordn., *v.* 6 Abt. 1 p. 683.

Die Lippenzähne sind weitläufig gestellt; die Mundscheibe ist sehr groß; die Vorderkante der vorderen Zungenzahnplatte trägt 2 oder 3 Zähne; ein sehr großer Kehlsack kommt zur Ausbildung.

2 Arten.

Bestimmungstabelle der Arten:

Die seitlichen Supraoralzähne sind schmäler als die angrenzenden Teile der Supraoralzahnplatte; die vordere Zungenzahnplatte trägt 2 Zähne . . . . 1. **G. (G.) australis**

Die seitlichen Supraoralzähne sind breiter als die angrenzenden Teile der Supraoralzahnplatte; die vordere Zungenzahnplatte trägt 3 Zähne . . . . 2. **G. (G.) saccifera**

1. **G. (G.) australis** Gray 1851 *G. a.*, J. E. Gray, List Fish Brit. Mus., *v.* 1 p. 142 t. 1 f. 3 & t. 2 | 1857 *Velasia chilensis*, A. Philippi in: Arch. Naturg., *v.* 23 I p. 266 | 1857 *Thysanochilus valdivianus*, Troschel in: A. Philippi in: Arch. Naturg., *v.* 23 I p. 268 Anm. | 1863 *Velasia chilensis*, A. Philippi in: Arch. Naturg., *v.* 29 I p. 209 t. 10 f. a (Mund) | 1870 *Geotria australis*, Alb. Günther, Cat. Fish. Brit. Mus., *v.* 8 p. 508 |

1871 *G. allporti*, Alb. Günther in: P. zool. Soc. London, p. 675 t. 70 | 1911 *G. australis*, Regan in: Ann. nat. Hist., ser. 8 *v.* 7 p. 197 | 1924 *G. (Geotria) a.*, Rauther in: Bronn, Kl. Ordn., *v.* 6 Abt. 1 p. 683 f. 117 (cop. Plate).

Die Supraoralzahnplatte (Fig. 46) trägt 4 Zähne; die beiden seitlichen oder äußeren sind sehr breit, breiter als die angrenzenden seitlichen Teile der Platte; letztere sind von den Zähnen durch Gruben getrennt; die Infraoralzahnplatte ist quer gestellt, ihre Kante ist glatt oder schwach gezähnelt; die inneren Lippenzähne fehlen; die äußeren Lippenzähne sind auf der großen Mundscheibe weitläufig gestellt und auf derselben in schrägen Bögen angeordnet; ihre Größe nimmt dem Rande der Scheibe zu allmählich ab. Die vordere Zungenzahnplatte trägt 3 Zähne. Der Kehlsack ist sehr groß.

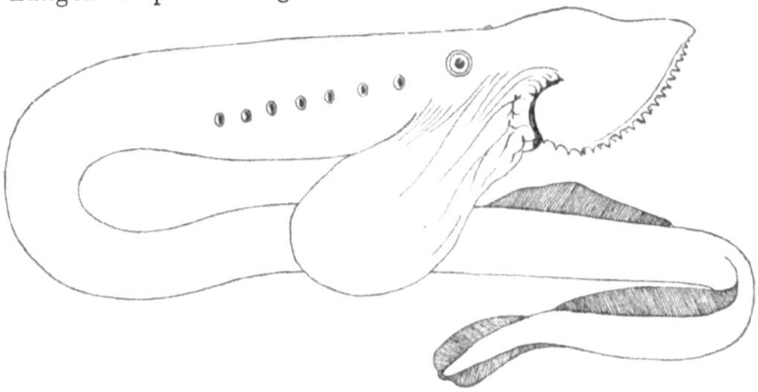

Fig. 45.
Geotria (Geotria) australis Gray. (Nach Gray, vereinfacht).

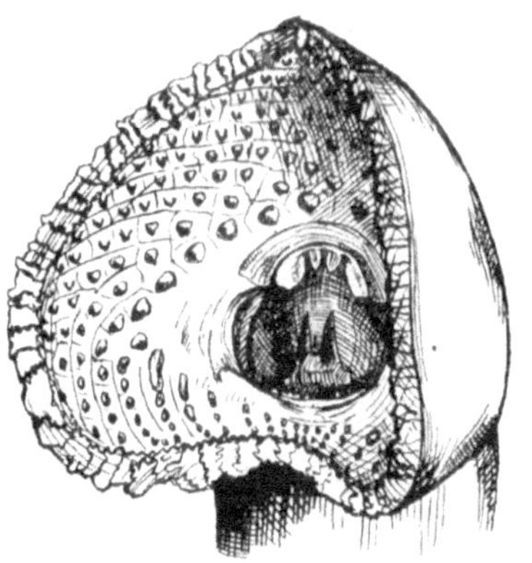

Fig. 46.
Geotria (Geotria) australis Gray. Mundtrichter. (Nach Gray, umgezeichnet).

2 Rückenflossen, die voneinander weit getrennt sind; der Abstand ist länger als die Basislänge der vorderen Dorsale. L. bis ungefähr 500 mm. Die Färbung ist bleigrau bis dunkelblaugrau, oberseits dunkel, an den Körperseiten heller werdend; bauchseits ist sie weiß; der Kehlsack zeigt rötlichen Schein (Fig. 45).

Marin anadrom.

Südaustralien, westlich bis zum King George Sound; Neuseeland; Tasmanien; südliches Südamerika.

2. **G. (G.) saccifera** Regan 1911 *G. s.*, Regan in: Ann. nat. Hist., ser. 8 *v.* 7 p. 197 | 1924 *G. (Geotria) s.*, Rauther in: Bronn, Kl. Ordn., *v.* 6 Abt. 1 p. 683.

Die Supraoralzahnplatte trägt 4 Zähne, die äußeren sind verbreitert, ihre Breite ist aber geringer als die angrenzenden seitlichen Teile der Platte; die Infraoralzahnplatte ist schwach gezähnelt; nur äußere Lippenzähne sind vorhanden, die auf der großen Mundscheibe in radiären Bögen angeordnet sind und deren Größe dem Rande der Scheibe zu allmählich abnimmt; die vordere Zungenzahnplatte ist zweizähnig; der Kehlsack ist sehr groß. 2 Rückenflossen, die durch einen Zwischenraum voneinander getrennt sind; letzterer ist geringer als die Basislänge der vorderen Dorsale. L. 420 mm. Färbung?

Marin anadrom.

Neuseeland: Otago.

6b) Subgen. **Velasia** Gray

1851 Gen. *V.*, J. E. Gray, List Fish Brit. Mus., *v.* 1 p. 137, 143 | 1924 *V.*, Rauther in: Bronn, Kl. Ordn., *v.* 6 Abt. 1 p. 682.

Die äußeren Lippenzähne sind sehr zahlreich und auf der kleinen Mundscheibe dicht gestellt; die vordere Zungenzahnplatte trägt 2 Zähne. Der Kehlsack ist klein oder er fehlt.

2 Arten.

Bestimmungstabelle der Arten:

Die inneren, kleineren Supraoralzähne sind spatelförmig: die vordere Zungenzahnplatte trägt 2 starke Zähne . 3. **G. (V.) chilensis**

Die inneren, kleineren Supraoralzähne sind eiförmig oder dreieckig und scharf zugespitzt; die vordere Zungenzahnplatte trägt gewöhnlich 3 Zähne . . . . 4. **G. (V.) stenostoma**

3. **G. (V.) chilensis** Gray 1851 *Velasia c.*, J. E. Gray, List Fish Brit. Mus., *v.* 1 p. 143 t. 1 f. 4 (Mund) | 1866 ? *Petromyzon fonckii.* A. Philippi in: Monber. Ak. Berlin, [*v.* 16] p. 709 | 1870 *Geotria chilensis*, Alb. Günther, Cat. Fish. Brit. Mus., *v.* 8 p. 509 | 1911 *G. c.*, Regan in: Ann. nat. Hist., ser. 8 *v.* 7 p. 196 | 1924 *G. (Velasia) c.*, Rauther in: Bronn, Kl. Ordn., *v.* 6 Abt. 1 p. 683 f. 120 (Mund, cop. Plate).

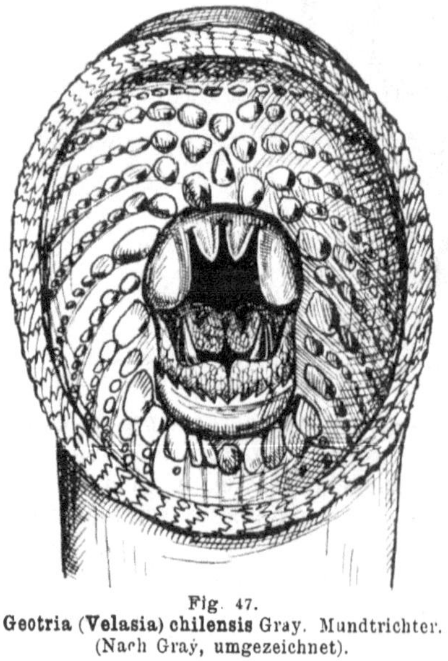

Fig. 47.
Geotria (Velasia) chilensis Gray. Mundtrichter. (Nach Gray, umgezeichnet).

Die Supraoralzahnplatte (Fig. 47) trägt 2 große flache, an ihrer Spitze gerundete Außenzähne, dazwischen 2 kleine (sehr selten 3) spatelförmige Innenzähne; die Infraoralzahnplatte ist quer gestellt, ihre Kante ist gezähnelt; diese Zähnchen nützen sich im Alter ab und erscheinen dann gerundet; innere Lippenzähne fehlen, die äußeren Lippenzähne sind auf der Mundscheibe sehr dicht gesetzt und in radiären Bögen angeordnet; ihre Größe nimmt dem Rande der Scheibe zu allmählich ab; die vordere Zungenzahnplatte ist mit 2 sehr starken Zähnen ausgestattet. Der Kehlsack ist sehr klein, oder er fehlt. 2 Rückenflossen, ihr Abstand voneinander ist bedeutend geringer als die Basislänge der vorderen Dorsale. L. bis 600 mm. Die Färbung ändert sich mit dem Alter: Oberseits ist sie schwärzlich mit einem Stich ins Bräunliche oder Bläuliche, oder sie ist bleigrau bis dunkelgrau; die Körperseiten sind heller gefärbt, der Bauch ist weiß; jugendliche Tiere zeigen Silberglanz, der sich im zunehmenden Alter bei den ♂ etwas länger hält als bei den ♀.

Marin anadrom.

Südamerika: Chile, Rio de la Plata; Neuseeland, Südaustralien (nach Westen bis zum Swan-River?).

4. **G. (V.) stenostoma** J. D. Ogilby 1870 *G. chilensis* (part.), Alb. Günther, Cat. Fish. Brit. Mus., *v.* 8 p. 509 | 1872 ? *Yarra singularis* + ? *Neomordacia howitti*, F. Castelnau in: P. zool. Soc. Victoria, *v.* 1 p. 231, 232 1896 *Velasia stenostomus*, J. D. Ogilby in: P. Linn. Soc. N. S. Wales, *v.* 21 p. 409 | 1897 *Macrophthalmia chilensis*, Plate in: SB. Ges. Fr. Berlin, p. 137 | 1902 *Geotria c.* + *G. stenostomus*, Plate in: Zool. Jahrb., Suppl. 5 p. 660, 671, t. 19 f. 7 (Mund und Kehlsack geöffnet), 8 (Vorderkörper von der Seite), 9 (Ammocoetesstadium), 10 (Erstes Verwandlungsstadium), 11 (Kopf desselben von unten), 12 (Zweites Verwandlungsstadium von der Seite), 13 (Kopf desselben von oben), 14 (Kopf desselben von unten), 15 (Parietalorgan bei auffallendem Lichte), 16 (Jugendstadium, Mund geöffnet), 21 (Mund) | 1911 *G. stenostoma*, Regan in: Ann. nat. Hist., ser. 8 *v.* 7 p. 197 | 1924 *G. (Velasia) s.*, Rauther in: Bronn, Kl. Ordn., *v.* 6 Abt. 1 p. 682 | 1932 s. Nachtrag.

Die Supraoralzahnplatte mit 2 flachen, großen Außenzähnen und 2 kleinen, ovalen oder dreieckigen Innenzähnen, letztere sind scharf zugespitzt; die Infraoralzahnplatte ist glatt oder mit spärlichen kleinen Zähnchen ausgestattet; die inneren Lippenzahnplatten fehlen, die äußeren Lippenzähne sind auf der kleinen Mundscheibe sehr dicht gesetzt und in radiären Bögen angeordnet; ihre Größe nimmt dem Rande der Scheibe zu allmählich ab; die vordere Zungenzahnplatte trägt gewöhnlich drei Zähne; der Kehlsack ist klein (nur eine Anschwellung), oder er fehlt; 2 voneinander getrennte Rückenflossen; ihr Abstand ist etwas geringer bis wenig größer als die Basislänge der vorderen Dorsale. L. bis 540 mm. Die Färbung ist bleigrau, oberseits dunkler, an den Körperseiten heller werdend; bauchseits ist sie weiß.

Marin anadrom.

Neuseeland, Tasmanien.

7. Gen. **Exomegas** Gill

1883 *Exodomegas* MS + *Exomegas*, T. Gill in: P. U. S. Mus., *v.* 5 p. 524 | 1911 *Geotria* (part.), Regan in: Ann. nat. Hist., ser. 8 *v.* 7 p. 196 | 1924 *Exomegas*, Rauther in: Bronn, Kl. Ordn., *v.* 6 Abt. 1 p. 683.

Die Supraoralzähne (Fig. 49) als auch die Infraoralzähne sind rudimentär oder sie fehlen; die Lippenzähne sind zahlreich und in radiären Bögen auf der großen Mundscheibe angeordnet; die vordere Zungenzahnplatte trägt 2 große äußere Zähne, dazwischen ein niedriges, aber ziemlich langes Zähnchen; die innere Zungenbezahnung fehlt. 2 voneinander durch einen Zwischenraum getrennte Rückenflossen; die rückwärtige hängt mit dem caudalen Flossensaum zusammen; ein Kehlsack kommt nicht zur Ausbildung.

1 Art.

1. **E. macrostomus** (Burm.) 1868 *Petromyzon m.*, Burmeister in: An. Mus. Buenos Aires, Act. Soc. Palaeont. *v.* 1 p. XXXVI | 1870 *P.* (?) *m.*, Alb. Günther, Cat.

Fish. Brit. Mus., *v.* 8 p. 506 | 1883 *Exomegas m.*, T. Gill in: P. U. S. Mus., *v.* 5 p. 524 | 1893 *Geotria macrostoma*, Berg in: An. Mus. La Plata, *v.* 1 p. 3 t. 1 | 1899 *Exomegas macrostomus*, Berg in: Comun. Mus. Buenos Aires, *v.* 1 p. 91 | 1901 *Geotria macrostoma* var. *gallegensis*, Smitt in: Bih. Svenska Ak., *v.* 26 Abt. 4 nr. 13 p. 26 t. 4 f. 19, 20, 21, 22 (Mund), 23 (einzelnes Läppchen der gefransten Randlappen), 24 (Bezahnung

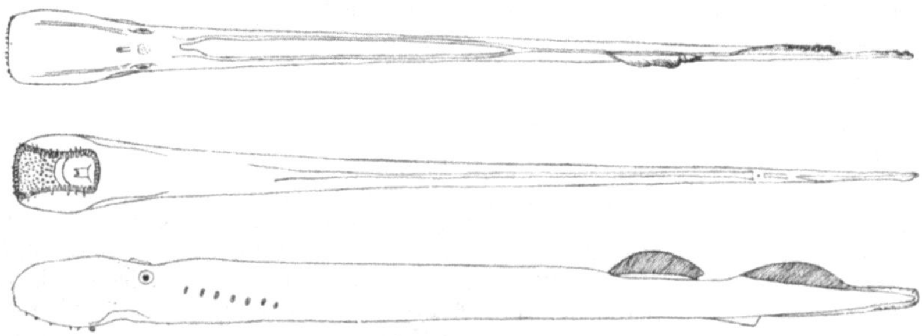

Fig. 48.
Exomegas macrostomus (Burm.) (Nach Smitt, teilweise vereinfacht).

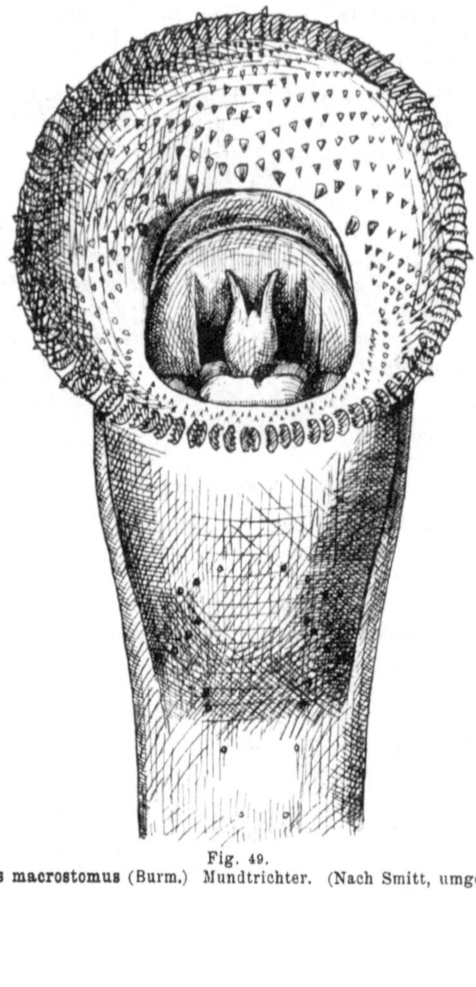

Fig. 49.
Exomegas macrostomus (Burm.) Mundtrichter. (Nach Smitt, umgezeichnet).

der vorderen Zungenzahnplatte), 25 (Ammocoetesstadium), 26 (Kopf desselben von oben), 27 (Kopf desselben von unten) | 1911 *G. m.*, Regan in: Ann. nat. Hist., ser. 8 *v.* 7 p. 197 | 1924 *Exomegas macrostomus*, Rauther in: Bronn, Kl. Ordn., *v.* 6 Abt. 1 p. 683 f. 121 (cop. Smitt) | 1928 *E. m.* + *E. m.* var. *gallegensis*, Eigenmann in: Mem. Ac. Washington, *v.* 22 p. 34 t. 3 f. 15 (Kopf von unten, cop. Plate), 16 (Mund, cop. Smitt), 17 (cop. Smitt).

Mit den Merkmalen der Gattung. L. bis ungefähr 350 mm. Die Färbung ist oberseits bleigrau, an den Körperseiten und am Bauche braun; caudal sind die Körperseiten weißlich marmoriert; die Flossen sind an der Basis weißlich, am Rande sind sie braun gesäumt (Fig. 48).

Marin anadrom?

Südamerika: La Plata, Lago Argentino, Seen der südlichen Anden, die ostwärts abfließen; Rio Gallegos.

B. Subfam. **Mordaciinae**

1851 *Petromyzonina* (part.), J. E. Gray, List Fish Brit. Mus., *v.* 1 p. 137 | 1859 *Petromyzontiformes* (part.), Bleeker in: Acta Soc. Indo-Neêrl., *v.* 6 p. XXXIII | 1883 *Caragolinae* MS + *C.*, T. Gill in: P. U. S. Mus., *v.* 5 p. 524 | 1893 *Mordaciidae*, T. Gill in: Mem. Ac. Washington, *v.* 6 p. 129 | 1894 *M.*, T. Gill in: P. U. S. Mus., *v.* 17 p. 109 | 1924 *Mordaciinae*, Rauther in: Bronn, Kl. Ordn., *v.* 6 Abt. 1 p. 683 | 1928 *Geotriidae* (part.), Eigenmann in: Mem. Ac. Washington, *v.* 22 p. 27 | 1932 s. Nachtrag.

2 Supraoralzahnplatten, auf die sich die Supraoralzähne verteilen; der Rand der Mundscheibe trägt zwar Cirren, aber keine gefransten Randlappen

1 Gattung mit 3 Arten.

8. Gen. **Mordacia** Gray

1851 *M.* + *Caragola*, J. E. Gray, List Fish Brit. Mus., *v.* 1 p. 137, 143 | 1852 *C.*, J. E. Gray in: P. zool. Soc. London, *v.* 19 p. 235 | 1870 *Mordacia*, Alb. Günther, Cat. Fish. Brit. Mus., *v.* 8 p. 507 | 1911 *M.*, Regan in: Ann. nat. Hist., ser. 8 *v.* 7 p. 194 | 1924 *M.*, Rauther in: Bronn, Kl. Ordn., *v.* 6 Abt. 1 p. 683 | 1932 s. Nachtrag.

2 Supraoralzahnplatten (Fig. 51), auf jeder stehen 3 hakenförmig gebogene Zähne; die Infraoralzahnplatte ist quer gestellt und trägt ungefähr 9 ungleiche Zähne; innere Lippenzähne sind zahlreich vorhanden und im Kreise angeordnet; die äußeren Lippenzähne sind sehr klein und rund um den Mundtrichterrand angeordnet; die vordere Zungenzahnplatte trägt eine V-förmige gezähnelte Kante, deren äußerste Zähnchen mehr oder weniger vergrößert sind; 2 Rückenflossen: Die Basislänge der vorderen ist kürzer als jene der rückwärtigen, voneinander sind sie durch einen weiten Zwischenraum getrennt; die rückwärtige Dorsale stößt mit dem caudalen Flossensaum zusammen; ein Kehlsack kommt nicht zur Ausbildung.

3 Arten.

Bestimmungstabelle der Arten:

1 { Die vergrößerten Zähnchen der vorderen Zungenzahnplatte sind verhältnismäßig klein; die gezähnelte Kante dieser Platte ist deutlich sichtbar — **2**
Die vergrößerten Zähnchen der vorderen Zungenzahnplatte sind groß und stark und verdecken die gezähnelte Kante dieser Platte ganz . . . . 3. **M.** **acutidens**

2 { Die 2 vordersten Reihen der inneren Lippenzähne sind in der Mitte vorn durch eine deutliche Gruppe von 3 Zähnen unterbrochen . . . . 1. **M. mordax**
Die 2 vordersten Reihen der inneren Lippenzähne divergieren vorn und sind in der Mitte durch einen einzigen Zahn unterbrochen . . . . 2. **M. lapicida**

1. **M. mordax** (Richards.) 1846 *Petromyzon m.*, J. Richardson in: Zool. Voy. Erebus & Terror, *v.* 2 Fish. p. 62 t. 38 f. 3, 4 (Kopf von der Seite), 5 (Mund fast geschlossen), 6 (Mund geöffnet) | 1851 *Mordacia m.*, J. E. Gray, List Fish Brit. Mus., *v.* 1 p. 144 t. 1 f. 6 (Mund, cop. Richardson) 1870 *M. m.* (part.), Alb. Günther, Cat. Fish. Brit. Mus., *v.* 8 p. 507 | 1896 *M. m.*, J. D. Ogilby in: P. Linn. Soc. N. S. Wales, *v.* 21 p. 400 1902 *M. m.*, Plate in: Zool. Jahrb., Suppl. 5 p. 654 t. 19 f. 1 (Mund) & 2 (Kiemenspalte) | 1911 *M. m.*, Regan in: Ann. nat. Hist., ser. 8 *v.* 7 p. 195 | 1924 *M. m.*, Rauther in: Bronn, Kl. Ordn., *v.* 6 Abt. 1 p. 684 f. 122 (Mund, cop. Plate) | 1932 s. Nachtrag.

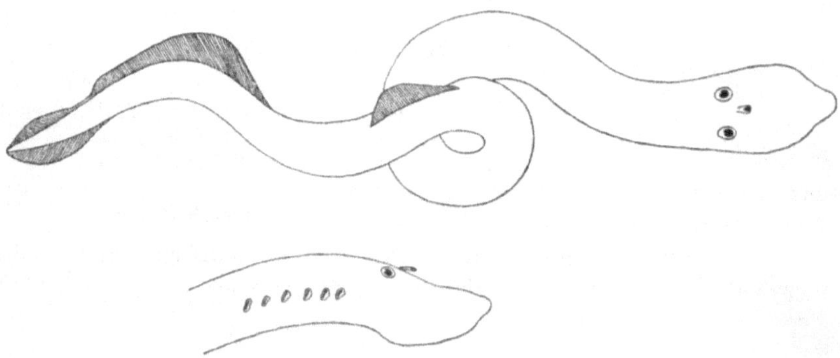

Fig. 50.
Mordacia mordax (Richards.) (Nach Richardson, vereinfacht).

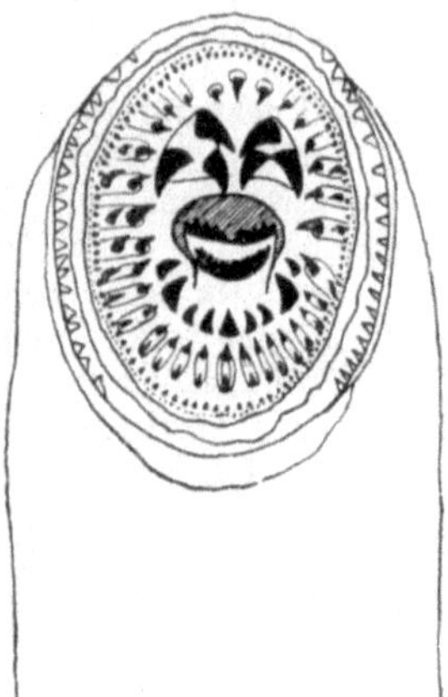

Fig. 51.
Mordacia mordax (Richards.) Mundtrichter. (Nach Plate, vereinfacht).

2 Supraoralzahnplatten (Fig. 51); jede trägt 3 nach innen gekrümmte, im Dreieck stehende, starke Zähne; die Infraoralzahnplatte mit 9 in ihrer Größe ungleichen Zähnen; die inneren Lippenzahnplatten sind am vorderen Teil der Mundscheibe einzähnig, wobei ihre Reihe in der Mitte durch eine deutliche Gruppe von 3 Zähnen unterbrochen wird; die übrigen den Schlund umstehenden Lippenzahnplatten sind alle zweizähnig; die äußeren Lippenzähne sind nur als randständige, in 2 Reihen angeordnete Zähnchen vorhanden, von denen die innere Reihe stärker entwickelt ist als die äußere; die vordere Zungenzahnplatte ist V-förmig mit deutlich sichtbaren, zahlreichen Zähnchen, die 2 äußersten von ihnen sind etwas vergrößert. 2 voneinander durch einen weiten Zwischenraum getrennte Rückenflossen; die Basislänge der vorderen ist geringer als jene der rückwärtigen, letztere stößt mit dem caudalen Flossensaum zusammen. L. bis 450 mm. Färbung blaugrau, oberseits dunkel, an den Körperseiten heller werdend; Bauch weiß mit Silberschimmer;

die erste Dorsale ist grau, die zweite ist weiß gesäumt, ihr rückwärtiger Teil ist schwarz; die Schwanzflosse ist schwarz mit weißem Rand (Fig. 50).

Marin anadrom.

Südostaustralien, Tasmanien, Chile.

2. **M. lapicida** (Gray) 1851 *Caragola l.*, J. E. Gray, List Fish Brit. Mus., *v.* 1 p. 143 t. 1 f. 5 (Mund) | 1870 *Mordacia mordax* (part.), Alb. Günther, Cat. Fish. Brit. Mus., *v.* 8 p. 507 | 1902 *M. lapicida*, Plate in: Zool. Jahrb., Suppl. 5 p. 656 t. 19 f. 3, 4 (beide Mund) | 1911 *M. l.*, Regan in: Ann. nat. Hist., ser. 8 *v.* 7 p. 195 | 1924 *M. l.*, Rauther in: Bronn, Kl. Ordn., *v.* 6 Abt. 1 p. 684.

2 Supraoralzahnplatten (Fig. 52), jede trägt 3 nach innen gekrümmte, im Dreieck stehende starke Zähne; die Infraoralzahnplatte mit 9 Zähnen; die inneren Lippenzahnplatten stehen um den Schlund im Kreise, die vorderen sind dreizähnig, die rückwärtigen vierzähnig; vorn divergieren sie etwas und der Zahnkreis wird hier in der Mitte durch eine Zahnplatte unterbrochen, die einen einzigen starken Zahn trägt; die randständigen Lippenzähne sind sehr klein und stehen in 2 Reihen; die vordere Zungenzahnplatte weist einen V-förmigen deutlich sichtbaren gezähnelten Kamm auf, seine beiden äußersten Zähnchen sind etwas vergrößert; 2 Rückenflossen, beide durch einen weiten Zwischenraum voneinander getrennt; die rückwärtige hängt mit dem caudalen Flossensaum zusammen; L. bis ungefähr 180 mm. Die Färbung ist schiefergrau; die Körperunterseite ist gelblichweiß; zwischen den Augen ist ein heller Fleck von derselben Farbe plaziert.

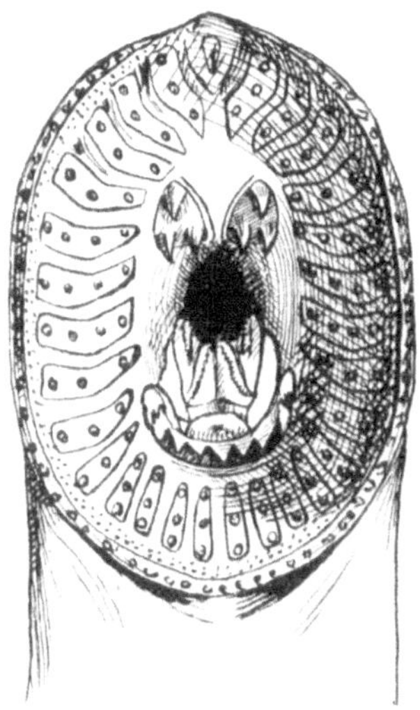

Fig. 52. **Mordacia lapicida** (Gray). Mundtrichter. (Nach Gray, umgezeichnet).

Marin anadrom.

Chile.

3. **M. acutidens** (Phil.) 1863 ? *Petromyzon anwandteri*, A. Philippi in: Arch. Naturg., *v.* 29 I p. 207 t. 10 f. b (Mund) | 1865 *P. acutidens*, A. Philippi in: Arch. Naturg., *v.* 31 I p. 107 | 1870 *Mordacia mordax* (part.), Alb. Günther, Cat. Fish. Brit. Mus., *v.* 8 p. 507 | 1902 *M. acutidens*, Plate in: Zool. Jahrb., Suppl. 5 p. 657 t. 19 f. 5, 6 (beide Mund) | 1911 *M. a.*, Regan in: Ann. nat. Hist., ser. 8 *v.* 7 p. 195 | 1924 *M. a.*, Rauther in: Bronn, Kl. Ordn., *v.* 6 Abt. 1 p. 684 | 1928 *M. anwandteri*, Eigenmann in: Mem. Ac. Washington, *v.* 22 p. 35 t. 4 f. 9, 10 (Kopf, Sagittalschnitt), 12 (Mund).

Die Bezahnung der Supraoralzahnplatte und der Infraoralzahnplatte ist so wie bei vorstehender Art; innere Lippenzähne sind vorhanden und im Kreise auf der Mundscheibe angeordnet; die randständigen Lippenzähne sind sehr klein und in 2 Reihen längs des Scheibenrandes angeordnet; die vordere Zungenzahnplatte trägt eine V-förmige gezähnelte Kante, die beiden äußersten Zähnchen derselben sind sehr stark vergrößert und verdecken die übrigen Teile der Zahnplatte, vor allem ihren gezähnelten Kamm vollständig; 2 voneinander durch einen weiten Zwischenraum getrennte Rückenflossen; die Basislänge der vorderen Dorsale ist geringer als jene der rückwärtigen; letztere hängt mit dem caudalen Flossensaum zusammen. L. ungefähr 240 mm. Die Färbung ist grau, oberseits mit braunroten Tönen, an den Körperseiten wird sie heller, bauchseits ist sie weiß.

Marin anadrom.

Chile.

2. Ord. **Hyperotreta**

1825 *Cyclostoma* (part.), Latreille, Fam. Règne an., p. 111 | 1832 *Cyclostomi* (part.), Bonaparte, Saggio An. Vert. Sangue freddo, p. 41 | 1835 *Hyperotreta*, J. Müller, Vergl. Anat. Myxinoiden, p. 13 | 1838 *Helminthoidei* (part.), Bonaparte in: N. Ann. Bologna, *v.* 2 p. 133 | 1845 *Hyperotreti*, J. Müller in: Arch. Naturg., *v.* 11 I p. 138 | 1850 *Myxines*, Bonaparte, Consp. Syst. Ichthyol. | 1859 *Hyperotreti*, Bleeker in: Acta Soc. Indo-Neêrl., *v.* 6 p. XXXIII | 1866 *Hyperotreta (Myxinoida)*, Haeckel, Gen. Morphol., *v.* 2 p. CXXI | 1868 *Hyperotreti*, E. D. Cope in: P. Ac. Philad., [*v.* 20] p. 256 | 1873 *Cyclostomata* (part.), Fitzinger in: SB. Ak. Wien, *v.* 67 I p. 57 | 1900 *Monosolenia (Myxinoides)*, Fürbringer in: Morphol. Jahrb., *v.* 28 p. 482 | 1904 *Myxinoides*, Bridge in: Cambridge nat. Hist., *v.* 7 p. 421 | 1911 *Myxinomorphae*, Poche in: Arch. Naturg., *v.* 77 I Suppl. p. 111 | 1924 *Hyperotreti*, Rauther in: Bronn, Kl. Ordn., *v.* 6 Abt. 1 p. 684.

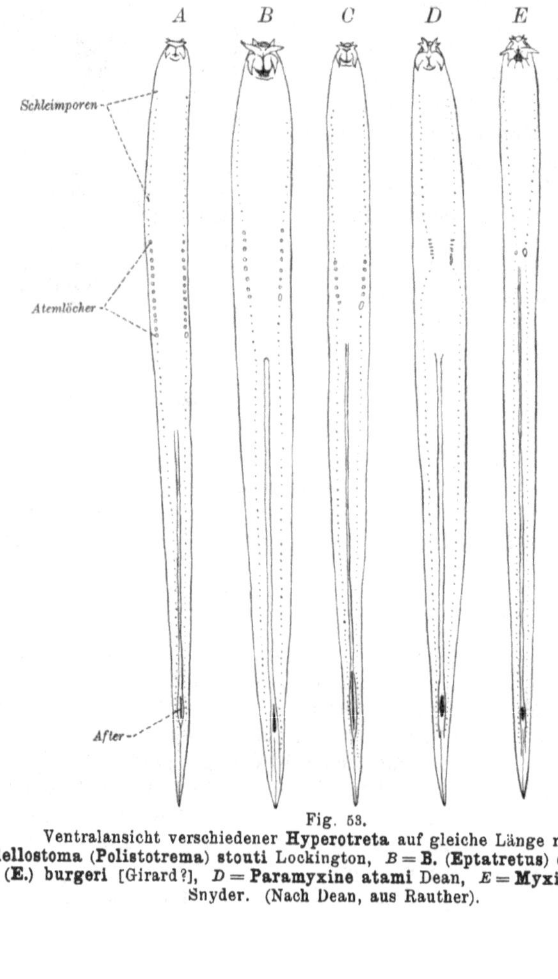

Fig. 53.
Ventralansicht verschiedener **Hyperotreta** auf gleiche Länge reduziert.
A = **Bdellostoma (Polistotrema) stouti** Lockington, *B* = **B. (Eptatretus) okinoseanum** (Dean), *C* = **B. (E.) burgeri** [Girard?], *D* = **Paramyxine atami** Dean, *E* = **Myxine garmani** Jord. & Snyder. (Nach Dean, aus Rauther).

Cyclostomata mit rückwärts offenem Nasengang, der den Gaumen durchbricht und mittels einer Klappe verschlossen werden kann. Mund ohne dicke Lippen, aber mit 2 Paar Bartfäden, die durch Knorpeln gestützt werden; außerdem jederseits der unpaaren Narine ein Bartel. Die Mundtrichterbezahnung beschränkt sich auf einen einzigen, nach innen gekrümmten starken Zahn, der einer fibrösen Platte aufsitzt, die unter den vorderen Knorpelspangen liegt; die Beflossung besteht bloß aus einem niederen und kurzen Flossensaum, der das Caudalende umfaßt. Eine wechselnde Zahl von Kiemenbeuteln, deren äußere Kiemengänge sich entweder vereinigen und mit nur einer Öffnung jederseits der Körpermitte ventral ausmünden, oder getrennt in einer der Anzahl der Kiemenbeutel entsprechenden Zahl von Öffnungen die Körperwand durchbrechen. Erwachsene Tiere stets mit verkümmerten, unter der Haut liegenden Augen. Den Eiern entschlüpfen Junge, die den erwachsenen Tieren ähnlich sehen und keine Metamorphose durchmachen.

1 Familie, 3 Gattungen, von denen eine in 2 Untergattungen zerfällt, 18 sichere und 2 unsichere Arten.

1. Fam. **Myxinidae**

1810 Ord. *Missinidi*, Rafinesque, Indice Ittiol. Sicil., p. 49 | 1815 *Cyclostomia* (part.) + Subfam. *Myxinia*, Rafinesque, Anal. Nat., p. 94 | 1817 *„Suceurs, Cyclostomes"*, G. Cuvier, Règne an., *v.* 2 p. 116 | 1825 *Diporobranchia*, Latreille, Fam. Règne an., p. 112 | 1832 *Gastrobranchini*, Bonaparte, Saggio An. Vert. Sangue freddo, p. 41 | 1839 *Petromyzonidae* (part.), W. Swainson, Hist. Classif. Fish., *v.* 2 p. 196, 337 | 1845 *Myxinoidei*, J. Müller in: Arch. Naturg., *v.* 11 I p. 138 | 1846 *Myxinidae* + Subfam. *Myxinini*, Bonaparte, Cat. Pesci Eur., p. 9, 92 | 1846 *Myxinoidei*, Rich. Owen, Lect. vert. Anat., *v.* 1 p. 48 | 1850 *Myxinidae* + Subfam. *Heptatremini* + Subfam. *Myxinini*, Bonaparte, Consp. Syst. Ichthyol. | 1851 *Myxinidae* (part.), J. E. Gray, List Fish Brit. Mus., *v.* 1 p. 145 | 1861 *Myxinoidae* + Subfam. *Myxininae*, T. Gill, Cat. Fish. East. Coast North Amer., p. 63 | 1870 *Myxinidae* (part.), Alb. Günther, Cat. Fish. Brit. Mus., *v.* 8 p. 510 | 1872 *M.* + *Bdellostomidae*, T. Gill in: Smithson. Collect., *v.* 11 p. 25 | 1873 *Gastrobranchi*, Fitzinger in: SB. Ak. Wien, *v.* 67 I p. 58 | 1882 & 1883 *Myxinidae* + *Bdellostomatidae*. D. S. Jordan & Gilbert in: Bull. U. S. Mus., *v.* 16 p. 4, 967 | 1883 *Bdellostomidae* + *Myxinidae* + Subfam. *Myxininae*, T. Gill in: P. U. S. Mus., *v.* 5 p. 518, 520 | 1893 *Myxinidae* + *Heptatremidae*, T. Gill in: Mem. Ac. Washington, *v.* 6 p. 129 | 1899 *M.* + *Homeidae*, S. Garman in: Mem. Mus. Harvard, *v.* 24 p. 340 | 1901 *Eptatretidae*, T. Gill in: P. U. S. Mus., *v.* 23 p. 738 | 1913 *E.* + *Myxinidae*, D. S. Jordan, Tanaka & Snyder in: J. Coll. Japan, *v.* 33 p. 4,5 | 1917 *M.* + *Heptatrematidae*, Grobben in: Claus-Grobben, Lehrb. Zool., ed. 9 p. 841 | 1924 *M.*, Rauther in: Bronn, Kl. Ordn., *v.* 6 Abt. 1 p. 684.

Mit den Merkmalen der Ordnung.

3 Gattungen, von denen eine in 2 Untergattungen zerfällt, 18 sichere und 2 unsichere Arten.

Bestimmungstabelle der Gattungen:

1 { Jederseits nur eine Kiemenöffnung, durch die die vereinigten äußeren Kiemengänge ausmünden; die linke Öffnung nimmt noch den Ductus oesophago-cutaneus auf . . . . 1. Gen. **Myxine**
Die äußeren Kiemengänge münden, ihrer Zahl entsprechend, durch ebensoviele Kiemenöffnungen jederseits des Körpers aus; die hinterste linke Öffnung nimmt noch den Ductus oesophago-cutaneus auf und wird dadurch größer als die übrigen — **2**

2 Jederseits 6 Kiemenöffnungen, die schlitzförmig und quergestellt sind und eng nebeneinander liegen; die äußeren Kiemengänge sind in ihrer Länge ungleich, diese nimmt von vorn nach hinten ab . . . . 2. Gen. **Paramyxine**
Jederseits 5 bis 15 Kiemenöffnungen, die rundlich sind und durch Zwischenräume voneinander getrennt sind; die äußeren Kiemengänge sind alle fast gleich lang . . 3. Gen. **Bdellostoma**

1. Gen. **Myxine** L.

1758 *M.*, Linné, Syst. Nat., ed. 10 p. 650 | 1795 *Gastrobranchus*, M. E. Bloch, Naturg. ausl. Fische, *v.* 9 p. 66 | 1803 *Muraenoblenna*, Lacépède, Hist. Poissons, *v.* 5 p. 652 | 1815 *Anopsus* (nom. nud.), Rafinesque, Anal. Nat., p. 93.

Jederseits 5 bis 7 Kiemensäcke, deren äußere Kiemengänge nicht gesondert nach außen münden, sondern sich vereinigen und mit nur einer Öffnung ventral, beiderseits der Körpermittellinie ausmünden; die äußeren Kiemengänge sind ungleich lang, ihre Länge nimmt von vorn nach hinten zu ab. In das linke Atemloch mündet noch der Ductus oesophago-cutaneus. Die Basis der Zunge liegt zwischen den beiden vordersten Kiemensäcken, oder nur wenig hinter diesen. Die einzelnen Arten stehen einander sehr nahe und werden vornehmlich durch die Anzahl der Zungenzähne und ihre Beschaffenheit, durch die Zahl und Anordnung der Schleimporen und die Länge des Kopfes, die bis zur Kiemenöffnung gemessen wird, voneinander unterschieden.

7 sichere und 2 unsichere Arten.

Bestimmungstabelle der Arten:

1 In der vorderen Lingualzahnreihe sind die 3 vordersten Zähne an der Basis miteinander vereinigt, in der hinteren Reihe sind es die 2 vordersten; in jeder Zahnreihenhälfte mindestens 10 Zähne — **2**
Sowohl in der vorderen, als auch in der hinteren Lingualzahnreihe sind nur die 2 vordersten Zähne an der Basis miteinander vereinigt; in einer Hälfte der vorderen Zahnreihe 6 bis 11, der hinteren Zahnreihe 7 bis 11 Zähne — **4**

2 Die Kopflänge ist $3\frac{2}{5}$ bis $3\frac{2}{3}$ mal in der Gesamtlänge enthalten; Lingualzähne: $\frac{10-12}{10-11}$ — **3**
Die Kopflänge ist nur wenig mehr als 3 mal in der Gesamtlänge enthalten; Lingualzähne: $\frac{13}{11}$ . . . . 7. **M. circifrons**

3 Lingualzähne: $\frac{10-12}{10-11}$; die Kopflänge ist in der Gesamtlänge $3\frac{2}{5}$ mal enthalten; Schleimporen: 26–27 + 57–61 + 12–13 . 6. **M. garmani**
Lingualzähne: $\frac{10}{10}$; die Kopflänge ist in der Gesamtlänge $3\frac{2}{3}$ mal enthalten; Schleimporen: 22 + 62 + 9 . . . . 5. **M. tridentiger**

4 Lingualzähne: $\frac{6}{7}$; die Kopflänge ist in der Gesamtlänge $3\frac{2}{5}$ mal enthalten . . . . 4. **M. paucidens**
Lingualzähne: $\frac{7-11}{8-11}$; die Kopflänge ist in der Gesamtlänge $3\frac{1}{4}$ bis 4 mal enthalten — **5**

5 Lingualzähne: $\frac{8-11}{8-11}$; Schleimporen: 27–36 + 56–68 + 8–13; die Kopflänge ist in der Gesamtlänge $3^1/_4$ bis $3^3/_4$ mal enthalten; Chile, Patagonien . . . . 3. **M. australis**

Lingualzähne: $\frac{7-9}{7-10}$; Schleimporen: 24–34 + 53–70 + 10–14; die Kopflänge ist in der Gesamtlänge $3^2/_5$ bis 4 mal enthalten; Europa, Nordamerika — **6**

6 Lingualzähne: $\frac{7-9}{8-10}$; Schleimporen: 24–34 + 54–64 + 10–14; die Kopflänge ist in der Gesamtlänge $3^2/_5$ bis 4 mal enthalten; Europa . . . . 1. **M. glutinosa**

Lingualzähne: $\frac{7-9}{7-10}$; Schleimporen: 25–28 + 53–70 + 10–13; die Kopflänge ist in der Gesamtlänge $3^3/_4$ mal enthalten; Atlantische Küsten von Nordamerika . . . . 2. **M. limosa**

1. **M. glutinosa** L. 1735, *M. g.*, Linné, Syst. Nat., ed. 1 p. 1080 | 1758 *M. g.*, Linné, Syst. Nat., ed. 10 p. 650 | 1795 *Gastrobranchus caecus*, M. E. Bloch, Naturg. ausl. Fische, *v.* 9 p. 66 t. 413 | 1803 *Muraenoblenna olivacea*, Lacépède, Hist. Poissons, *v.* 5 p. 652 | 1825 *Myxine caeca*, Blainville in: Faune Franç., *v.* 2 p. 2 t. 1a | 1851 *M. glutinosa*, J. E. Gray, List Fish Brit. Mus., *v.* 1 p. 147 | 1870 *M. g.*, Alb. Günther, Cat. Fish. Brit. Mus., *v.* 8 p. 510 | 1874 *M. g.* var. *septentrionalis*, Putnam in: P. Boston Soc., *v.* 16 p. 135 | 1913 *M. g.*, Regan in: Ann. nat. Hist., ser. 8 *v.* 11 p. 397 | 1924 *M. g.*, Rauther in: Bronn, Kl. Ordn., *v.* 6 Abt. 1 p. 687.

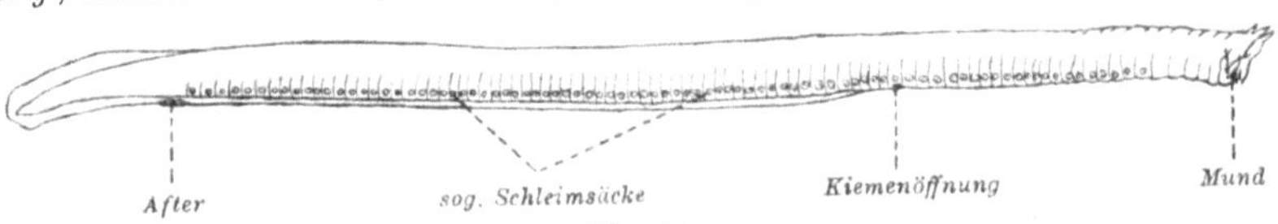

Fig. 54.
Myxine glutinosa L. (Nach Grobben, vereinfacht).

Beiderseits 6, selten 7 Kiemensäcke; in der vorderen Lingualzahnreihe stehen jederseits 7 bis 9, in der rückwärtigen 8 bis 10 Zähne; in beiden Reihen sind die 2 vordersten an ihrer Basis miteinander verschmolzen; die Kopflänge ist in der Gesamtlänge $3^2/_5$ bis 4 mal enthalten; Schleimporen: 24—34 + 54—64 + 10—14; L. bis 450 mm. Die Färbung ist sehr variabel, im allgemeinen ist sie bläulichweiß, bauchseits weiß (Fig. 54).

Europa: Nördliche Küsten des Atlantischen Ozeans bis zum Varangerfjord; Grönland; Murmanküste; Nordsee bis zum Kattegatt; in der Ostsee fehlend; Adriatisches Meer.

2. **M. limosa** Girard 1859 *M. l.*, C. Girard in: P. Ac. Philad., [*v.* 10] (1858) p. 224 | 1874 *M. glutinosa* var. *limosa*, Putnam in: P. Boston Soc., *v.* 16 p. 135 | 1882 *M. g.*, D. S. Jordan & Gilbert in: Bull. U. S. Mus., *v.* 16 p. 16 | 1899 *M. limosa*, S. Garman in: Mem. Mus. Harvard, *v.* 24 p. 348 t. 68 f. 5 & 7 (beide Schnauze, Rostrum, Barteln) | 1913 *M. l.*, Regan in: Ann. nat. Hist., ser. 8 *v.* 11 p. 398 | 1924 *M. l.*, Rauther in: Bronn, Kl. Ordn., *v.* 6 Abt. 1 p. 687.

Beiderseits 6 Kiemensäcke; in der vorderen Lingualzahnreihe jederseits 7 bis 9, in der rückwärtigen 7 bis 10 Zähne; in beiden Reihen sind die 2 vordersten Zähne an ihrer Basis miteinander verschmolzen; die Kopflänge ist in der Gesamtlänge $3^3/_4$ mal enthalten; Schleimporen: 25—28 + 53—70 + 10—13; L. bis 340 mm. Die Färbung ist rötlich- bis dunkelbraun, unterseits heller bis weißlich; die Flossensäume sind weißlich.

Nordamerika: Nördliche Atlantische Küsten, ungefähr von der großen Neufundlandbank nach Süden bis zum Cap Fear.

3. **M. australis** Jenyns 1842 *M. a.*, Jenyns in: Zool. Voy. Beagle, *v.* 4 p. 159 | 1870 *M. affinis* + *M. australis* (part.), Alb. Günther, Cat. Fish. Brit. Mus., *v.* 8 p. 511 | 1874 *M. glutinosa* var. *australis*, Putnam in: P. Boston Soc., *v.* 16 p. 135 | 1899 *M. australis* + *M. acutifrons*, S. Garman in: Mem. Mus. Harvard, *v.* 24 p. 345, 347 t. 68 f. 6 & 8 (beide Schnauze, Rostrum, Barteln) | 1913 *M. australis*, Regan in: Ann. nat. Hist., ser. 8 *v.* 11 p. 397 | 1924 *M. a.* + *M. acutifrons*, Rauther in: Bronn, Kl. Ordn., *v.* 6 Abt. 1 p. 687, 688.

Beiderseits 6 Kiemensäcke; in jeder Lingualzahnreihe jederseits 8 bis 11 Zähne; in beiden Reihen sind die 2 vordersten Zähne an ihrer Basis miteinander verschmolzen; die Kopflänge ist in der Gesamtlänge $3^1/_4$ bis $3^3/_4$ mal enthalten; Schleimporen: 27—36 + 56—68 + 8—13; L. bis 520 mm. Die Färbung ist oberseits rötlich- bis dunkelbraun, unterseits heller bis gelblich; die Kopfoberseite ist purpurn.

Südliche Küsten von Südamerika (Chile, Patagonien).

4. **M. paucidens** Regan 1913 *M. p.*, Regan in: Ann. nat. Hist., ser. 8 *v.* 11 p. 396.

Beiderseits 6 Kiemensäcke; in der vorderen Lingualzahnreihe stehen jederseits 6, in der rückwärtigen 7 Zähne; in beiden Reihen sind die 2 vordersten Zähne an ihrer Basis miteinander verschmolzen; die Kopflänge ist in der Gesamtlänge $3^3/_5$ mal enthalten; Schleimporen: 26 + 53—57 + 10; L. bis 305 mm. Färbung?

Japan, in 631 m Tiefe.

5. **M. tridentiger** S. Garman 1870 *M. australis* (part.), Alb. Günther, Cat. Fish. Brit. Mus., *v.* 8 p. 511 | 1899 *M. tridentiger*, S. Garman in: Mem. Mus. Harvard, *v.* 24 p. 345 | 1913 *M. t.*, Regan in: Ann. nat. Hist., ser. 8 *v.* 11 p. 396 | 1924 *M. t.*, Rauther in: Bronn, Kl. Ordn., *v.* 6 Abt. 1 p. 688.

Beiderseits 6 Kiemensäcke; in jeder Lingualzahnreihe jederseits 10 Zähne; in der vorderen Reihe sind die 3 vordersten, in der rückwärtigen die 2 vordersten Zähne an ihrer Basis miteinander verschmolzen; die Kopflänge ist in der Gesamtlänge $3^2/_3$ mal enthalten; Schleimporen: 22 + 62 + 9; L. bis 460 mm. Färbung?

Magellanstraße (Sandy Point), Tysseninseln.

6. **M. garmani** Jord. & Snyder 1901 *M. g.*, D. S. Jordan & Snyder in: P. U. S. Mus., *v.* 23 p. 731 t. 30 (die oberste Figur stellt die Kopfunterseite dar) | 1913 *M. g.*, Regan in: Ann. nat. Hist., ser. 8 *v.* 11 p. 395 | 1924 *M. g.*, Rauther in: Bronn, Kl. Ordn., *v.* 6 Abt. 1 p. 688.

Beiderseits 6 Kiemensäcke; in der vorderen Lingualzahnreihe jederseits 10 bis 12 Zähne, wobei die vordersten 3 Zähne an ihrer Basis miteinander verschmolzen sind; in der rückwärtigen Reihe stehen 10 oder 11 Zähne, hier sind die 2 vordersten an ihrer Basis miteinander vereinigt; die Kopflänge ist in der Gesamtlänge $3^2/_5$ mal enthalten; Schleimporen: 26—27 + 57—61 + 12—13; L. bis 520 mm. Die Färbung ist oberseits dunkelpurpurbraun oder bleifarben, die Unterseite des Körpers und die Barteln sind heller getönt (Fig. 53E).

Ostküste von Japan, in 631 m Tiefe.

7. **M. circifrons** S. Garman 1899 *M. c.*, S. Garman in: Mem. Mus. Harvard, *v.* 24 p. 344 t. 68 f. 1, 2 (Kopfunterseite), 3 (Herz und Kiemensäcke), 4 (Schnauze, Rostrum, Barteln) | 1913 *M. c.*, Regan in: Ann. nat. Hist., ser. 8 *v.* 11 p. 396 | 1924 *M. c.*, Rauther in: Bronn, Kl. Ordn., *v.* 6 Abt. 1 p. 688.

Beiderseits nur 5 Kiemensäcke; in der vorderen Lingualzahnreihe stehen jederseits 13, in der rückwärtigen 11 Zähne; in der vorderen Reihe sind die 3 vordersten, in der rückwärtigen die 2 vordersten Zähne an ihrer Basis miteinander verschmolzen; die Kopflänge ist in der Gesamtlänge des Körpers nur wenig mehr als 3 mal enthalten; Schleimporen: 21—23 + 59 + 11; L. bis 480 mm. Die Färbung ist gleichförmig schwärzlich, nur der Kopf ist vorn etwas heller.

7° 30′ 36″ N. B., 78° 39′ W. L. (Golf von Panama), in 1335 m Tiefe.

Unsichere Arten:

M. atlantica Regan 1913 *M. a.*, Regan in: Ann. nat. Hist., ser. 8 *v.* 11 p. 398.

Beiderseits 6 Kiemensäcke; Lingualzähne: $\frac{9}{8}$; in jeder Zahnreihe sind die 2 vordersten Zähne an ihrer Basis miteinander verschmolzen; Schleimporen: 28 + 64 + 12; die Kopflänge ist in der Gesamtlänge $3^1/_2$ mal enthalten; L. 310 mm.

Westlicher Atlantischer Ozean: 44° 17′ N. B., 58° 10′ W. L., in 220 m Tiefe.

M. capensis Regan 1913 *M. c.*, Regan in: Ann. nat. Hist., ser. 8 *v.* 11 p. 398.

Beiderseits 7 Kiemensäcke; Lingualzähne: ??$\frac{8-9}{8-9}$??; Schleimporen: 30 + 58 + 11; die Kopflänge ist in der Gesamtlänge $3^1/_5$ mal enthalten; L. 310 mm.

Südafrika: Kap der guten Hoffnung, in 191 m Tiefe.

2. Gen. Paramyxine Dean

1904 *P.*, Dean in: J. Coll. Japan, *v.* 19 nr. 2 p. 14 u. 22 | 1924 *P.*, Rauther in: Bronn, Kl. Ordn., *v.* 6 Abt. 1 p. 687.

Jederseits 6 Kiemensäcke, die durch ebenso viele äußere Kiemengänge nach außen münden; die äußeren Kiemengänge sind ungleich lang, ihre Länge nimmt von vorn nach rückwärts ab; die äußeren Kiemenöffnungen liegen ventral, beiderseits der Körpermittellinie, sie sind quer gestellt, schlitzförmig und eng nebeneinander plaziert; die linke hinterste Öffnung nimmt noch den Ductus oesophago-cutaneus auf, wird dadurch viel größer als die übrigen und ist längs gestellt; ihre Längsachse steht zu jenen der übrigen Kiemenöffnungen nahezu senkrecht; die Basis der Zunge liegt zwischen dem dritten Paar der Kiemensäcke.

Eine einzige Art.

1. **P. atami** Dean 1904 *P. a.*, Dean in: J. Coll. Japan, *v.* 19 nr. 2 p. 14 & 22 f. 2 D (Körperunterseite), 3 A (Lingualzähne), 4 C (schematische Darstellung des Atmungsapparates) & t. 1 f. 3 (♀), 4 (Unterseite der Kopfregion), 5 (natürlich abgelegte Eier) | 1924 *P. a.*, Rauther in: Bronn, Kl. Ordn., *v.* 6 Abt. 1 p. 687.

In der vorderen Lingualzahnreihe (Fig. 55) beiderseits 12 bzw. 13, in der rückwärtigen 13 Zähne; in beiden Reihen sind je die 3 vordersten Zähne an ihrer Basis miteinander verschmolzen; L. 550 mm. Die Färbung des Körpers ist dunkel purpurn, die Kiemenöffnungen sind weiß, die Schleimporen heben sich dunkel ab; sonst mit den Merkmalen der Gattung (Fig. 53 D).

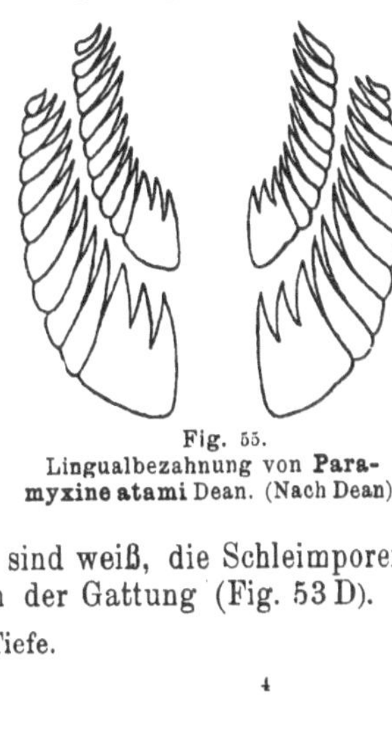

Fig. 55. Lingualbezahnung von **Paramyxine atami** Dean. (Nach Dean).

Japan: Sagami-See, Cap Manazuru, in 494 m Tiefe.

3. Gen. **Bdellostoma** J. Müll.[1])

1818 *„Eptatrème"*, C. Duméril fide Cloquet in: Dict. Sci. nat., *v.* 12 p. 304 | 1819 *„E."* + *„Eptatrète"* + *Eptatretus* + *„Eptacitrète"*, C. Duméril fide Cloquet in: Dict. Sci. nat., *v.* 15 p. 134, 135 | 1822 *Homea*, J. Fleming, Phil. Zool., *v.* 2 p. 374 | 1829 *„Heptatrèmes"*, G. Cuvier, Règne an., ed. 2 *v.* 2 p. 405 | 1831 *Heptatremus*, McMurtrie-Cuvier, An. Kingdom, Not. *v.* 2 p. 298 | 1832 *Heptatrema*, F. S. Voigt-Cuvier, Thierr., *v.* 2 p. 529 | 1835 *Bdellostoma*, J. Müller in: Abh. Ak. Berlin, p. 66 und Vergl. Anat. Myxinoiden, p. 15 | 1881 *Polistotrema*, T. Gill MS in: D. S. Jordan & Gilbert in: P. U. S. Mus., *v.* 3 p. 458 | 1901 *Eptatretus*, T. Gill in: P. U. S. Mus., *v.* 23 p. 738 | 1912 *Heptatretus*, Regan in: Ann. nat. Hist., ser. 8 *v.* 9 p. 534 | 1924 *Bdellostoma* + Subgen. *Polistotrema* + Subgen. *Eptatretus*, Rauther in: Bronn, Kl. Ordn., *v.* 6 Abt. 1 p. 684, 685.

Jederseits 5 bis 15 Kiemensäcke, die durch ebenso viele, untereinander nahezu gleichlange äußere Kiemengänge nach außen münden; die äußeren Kiemenöffnungen liegen ventral beiderseits der Körpermittellinie, sie sind rundlich und durch mehr oder minder weite Zwischenräume voneinander getrennt; die linke hinterste Öffnung nimmt noch den Ductus oesophago-cutaneus auf und wird dadurch größer als die übrigen; manchmal mündet der Ductus oesophago-cutaneus selbständig nach außen; die Basis der Zunge liegt entweder zwischen den vorderen oder den mittleren Paaren der Kiemensäcke; die einzelnen Arten werden vor allem durch die Anzahl der äußeren Kiemenöffnungen, die Anzahl und Anordnung der Lingualzähne und durch die Länge des Kopfes, die bis zur vordersten Kiemenöffnung gemessen wird, voneinander unterschieden.

2 Untergattungen mit 10 Arten.

Bestimmungstabelle der Untergattungen:

Jederseits 10 bis 15 äußere Kiemenöffnungen . . .	3a) Subgen. **Polistotrema**
Jederseits 5 bis 8 äußere Kiemenöffnungen	3b) Subgen. **Eptatretus**

3a) Subgen. **Polistotrema** Gill

1881 *Polistotrema*, T. Gill MS in: D. S. Jordan & Gilbert in: P. U. S. Mus., *v.* 3 p. 458 | 1924 *P.*, Rauther in: Bronn, Kl. Ordn., *v.* 6 Abt. 1 p. 685.

Die äußeren Kiemenöffnungen sind in größerer Anzahl (10 bis 15) vorhanden; die Basis der Zunge liegt zwischen den mittleren Paaren (dem 5. oder 6. bzw. dem 7. oder 8.) der Kiemensäcke.

4 Arten.

Bestimmungstabelle der Arten:

1	Die Kopflänge, gemessen bis zur vordersten Kiemenöffnung, ist in der Gesamtlänge des Körpers weniger als 5 mal, höchstens 5 mal enthalten — **3**	
	Die Kopflänge, gemessen bis zur vordersten Kiemenöffnung, ist in der Gesamtlänge des Körpers mehr als 5 mal enthalten — **2**	
2	Jederseits 14 äußere Kiemenöffnungen	1. **B. (P.) polytrema**
	Jederseits 11 bis 12 äußere Kiemenöffnungen	3. **B. (P.) deani**
3	Jederseits gewöhnlich 12 äußere Kiemenöffnungen (selten 10 bis 15); Kalifornien	2. **B. (P.) stouti**
	Jederseits nur 10 äußere Kiemenöffnungen; Chile . . .	4. **B. (P.) decatrema**

[1]) Bezüglich der Geltung dieses Gattungsnamens sind die Ansichten sehr verschieden. Ich schließe mich jener an, die obigen Namen erhalten wissen will und bezüglich dessen der Wunsch ausgesprochen wird, hier das Prioritätsgesetz nicht anzuwenden. Er wurde auch unter die Nomina conservanda aufgenommen (1915 Apstein in: SB. Ges. Fr. Berlin, Nr. 5 p. 187).

1. **B. (P.) polytrema** Girard 1798 „*Gastrobranche Dombey*“, Lacépède, Hist. Poissons, *v.* 1 p. 531 t. 23 f. 1 | 1835 *Bdellostoma Dombeyi*, J. Müller, Vergl. Anat. Myxinoiden, p. 16 | 1854 *B. polytrema*, C. Girard in: P. Ac. Philad., *v.* 7 p. 199 | 1855 *B. p.*, C. Girard in: U. S. astronom. Exp., *v.* 2 p. 252 t. 33 | 1870 *B. p.*, Alb. Günther, Cat. Fish. Brit. Mus., *v.* 8 p. 512 | 1881 *Polistotrema Dombeyi* (part.), T. Gill in: D. S. Jordan & Gilbert in: P. U. S. Mus., *v.* 3 p. 458 | 1883 *P. Dombeyii*, T. Gill in: P. U. S. Mus., *v.* 5 p. 519 | 1904 *Homea polytrema*, Dean in: J. Coll. Japan, *v.* 19 nr. 2 p. 20 | 1912 *Heptatretus p.*, Regan in: Ann. nat. Hist., ser. 8 *v.* 9 p. 534 | 1924 *Bdellostoma (Polistotrema) p.*, Rauther in: Bronn, Kl. Ordn., *v.* 6 Abt. 1 p. 685.

Jederseits 14 Kiemensäcke; die äußeren Kiemengänge sind kurz; die Basis der Zunge liegt zwischen dem 7. oder 8. Paar der Kiemensäcke; in der vorderen Lingualzahnreihe beiderseits 11 bis 13, in der rückwärtigen 7 bis 12 Zähne; in beiden Reihen sind die vordersten 3 Zähne an ihrer Basis miteinander verschmolzen; die Kopflänge, bis zur vordersten Kiemenöffnung, ist in der Gesamtlänge $6^1/_3$ mal enthalten; L. bis 570 mm. Färbung?

Küste von Chile.

2. **B. (P.) stouti** Lockington 1878 *B. s.*, Lockington in: Amer. Natural., *v.* 12 p. 793 | 1881 *Polistotrema Dombeyi* (part.), T. Gill in: D. S. Jordan & Gilbert in: P. U. S. Mus., *v.* 3 p. 458 | 1896 *P. stouti*, D. S. Jordan & Evermann in: Bull. U. S. Mus., *v.* 47 p. 6 | 1904 *Homea s.*, Dean in: J. Coll. Japan, *v.* 19 nr. 2 p. 20 f. 2 A (Unterseite), 4 A (schematische Darstellung des Atmungsapparates) | 1912 *Heptatretus s.*, Regan in: Ann. nat. Hist., ser. 8 *v.* 9 p. 535 | 1924 *Bdellostoma (Polistotrema) s.*, Rauther in: Bronn, Kl. Ordn., *v.* 6 Abt. 1 p. 685.

Jederseits gewöhnlich 12 (selten 10 bis 15) Kiemensäcke; die äußeren Kiemengänge sind kurz; die Basis der Zunge liegt zwischen dem 5. oder 6. Paar der Kiemensäcke; in jeder Lingualzahnreihe gewöhnlich 10 Zähne (Variationsbreite: $\frac{8-12}{9-11}$); die Kopflänge, bis zur vordersten Kiemenöffnung, ist in der Gesamtlänge $3^1/_2$ bis $4^3/_5$ mal enthalten; L. bis 420 mm. Die Färbung ist bräunlich-purpurn; die Ränder der äußeren Kiemenöffnungen und die Schleimporen sind weiß (Fig. 53 A).

Küste von Kalifornien.

3. **B. (P.) deani** (Everm. & Goldsborough) 1907 *Polistotrema d.*, Evermann & Goldsborough in: Bull. U. S. Bureau Fish., *v.* 26 (1906) p. 225 f. 1 | 1912 *Heptatretus d.*, Regan in: Ann. nat. Hist., ser. 8 *v.* 9 p. 535 | 1924 *Bdellostoma (Polistotrema) d.*, Rauther in: Bronn, Kl. Ordn., *v.* 6 Abt. 1 p. 685 | 1925 *Polistotrema curtiss-jamesi*, C. H. Townsend & Nichols in: Bull. Amer. Mus., *v.* 52 p. 4 f. 1.

Jederseits 11 bis 12 Kiemensäcke; in jeder Lingualzahnreihe beiderseits 10 oder 11 Zähne; die Kopflänge, bis zur vordersten Kiemenöffnung, ist in der Gesamtlänge $5^2/_5$ bis $6^2/_3$ mal enthalten; L. bis 620 mm. Die Färbung ist purpurblau bis pflaumenblau ohne irgend welche Zeichnung.

Küste von Alaska.

4. **B. (P.) decatrema** (Regan) 1874 *B. polytrema* (non Girard), Putnam in: P. Boston Soc., *v.* 16 p. 160 | 1880 ? *B. Bischoffii*, Ant. Schneider in: Arch. Naturg., *v.* 46 I p. 116 | 1912 *Heptatretus decatrema*, Regan in: Ann. nat. Hist., ser. 8 *v.* 9 p. 535 | 1924 *Bdellostoma (Polistotrema) d.*, Rauther in: Bronn, Kl. Ordn., *v.* 6 Abt. 1 p. 685.

Jederseits 10 Kiemensäcke; in jeder Lingualzahnreihe beiderseits 12 Zähne; die 3 vordersten jeder Reihe sind an ihrer Basis miteinander verschmolzen; die Basis der Zunge liegt zwischen dem 7. oder 8. Paar der

Kiemensäcke; die Kopflänge bis zur vordersten Kiemenöffnung ist in der Gesamtlänge $4^1/_2$ bis 5 mal enthalten; L. bis 480 mm. Färbung?

Küste von Chile.

3b) Subgen. **Eptatretus** Duméril fide Cloquet

1819 Gen. *E.*, C. Duméril fide Cloquet in: Dict. Sci. nat., *v.* 15 p. 135 | 1924 *E.*, Rauther in: Bronn, Kl. Ordn., *v.* 6 Abt. 1 p. 685.

Die äußeren Kiemenöffnungen sind in geringerer Anzahl (5 bis 8) vorhanden; die Basis der Zunge liegt zwischen den vorderen Paaren (dem 1. bis 3.) der Kiemensäcke.

6 Arten.

Bestimmungstabelle der Arten:

1	Jederseits 8 äußere Kiemenöffnungen — **2**	
	Jederseits weniger als 8 Kiemenöffnungen — **3**	
2	Lingualzähne: $\frac{10-11}{12}\Big\vert\frac{10-12}{12}$; Japan	5. **B. (E.) okinoseanum**
	Lingualzähne: $\frac{10\ 10}{10\ 10}$; Südafrika	6. **B. (E.) octatrema**
3	Jederseits 6 bis 7 äußere Kiemenöffnungen — **4**	
	Jederseits nur 5 äußere Kiemenöffnungen	10. **B. (E.) profundum**
4	In beiden Lingualzahnreihen sind jederseits die 3 vordersten Zähne an ihrer Basis miteinander verschmolzen	7. **B. (E.) cirrhatum**
	In der vorderen Lingualzahnreihe sind jederseits die 3 vordersten Zähne, in der rückwärtigen die 2 vordersten an ihrer Basis miteinander verschmolzen — **5**	
5	Lingualzähne: $\frac{12}{11-12}\Big\vert\frac{12}{11-12}$; Südafrika	8. **B. (E.) hexatrema**
	Lingualzähne: $\frac{8-9}{9-10}\Big\vert\frac{9}{9}$; Japan	9. **B. (E.) burgeri**

5. **B. (E.) okinoseanum** (Dean) 1904 *Homea okinoseana*, Dean in: J. Coll. Japan, *v.* 19 nr. 2 p. 8 & 20 f. 2B (Unterseite), 3B (Lingualbezahnung) & t. 1 f. 1, 2 (Ei aus dem Ovarium) | 1912 *Heptatretus okinoseanus*, Regan in: Ann. nat. Hist., ser. 8 *v.* 9 p. 535 | 1913 *Eptatretus o.*, D. S. Jordan, Tanaka & Snyder in: J. Coll. Japan, *v.* 33 p. 5 | 1924 *Bdellostoma (Eptatretus) okinoseanum*, Rauther in: Bronn, Kl. Ordn., *v.* 6 Abt. 1 p. 685.

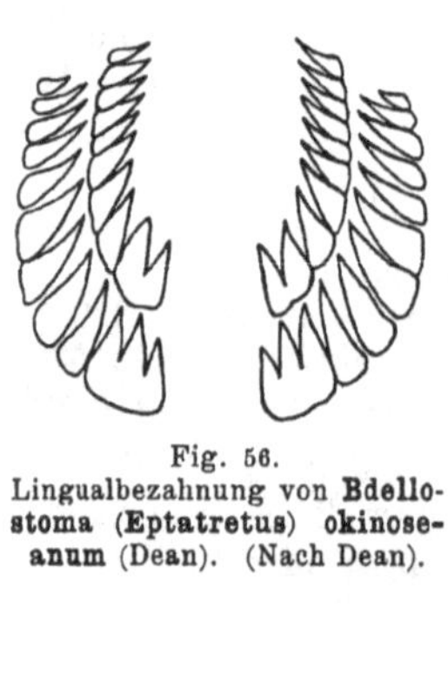

Fig. 56. Lingualbezahnung von **Bdellostoma (Eptatretus) okinoseanum** (Dean). (Nach Dean).

Jederseits 8 Kiemensäcke; in beiden Lingualzahnreihen (Fig. 56) jederseits 10 bis 12 Zähne; in der vorderen Reihe sind die vordersten 3 Zähne jeder Seite, in der rückwärtigen die 2 vordersten an ihrer Basis miteinander verschmolzen; die Basis der Zunge liegt zwischen dem 2. oder 3. Paar der Kiemensäcke; die äußeren Kiemengänge sind kurz; die Kopflänge, bis zur vordersten Kiemenöffnung, ist in der Gesamtlänge ungefähr 4 mal enthalten; L. bis 800 mm. Die Färbung ist dunkel purpur, die Kiemenöffnungen und die Schleimporen heben sich dunkler ab (Fig. 53B).

Japan: Sagami-See.

6. **B. (E.) octatrema** (Barnard) 1923 *Heptatretus o.*, K. H. Barnard in: Ann. S. Afr. Mus., *v.* 13 p. 439.

Jederseits 8 Kiemensäcke; in jeder Lingualzahnreihe beiderseits 10 Zähne; in der vorderen Reihe sind die drei vordersten, in der rückwärtigen Reihe die 2 vordersten Zähne einer jeden Seite an ihrer Basis miteinander verschmolzen; die Kopflänge, bis zur vordersten Kiemenöffnung, ist in der Gesamtlänge des Körpers 4 mal enthalten; L. 300 mm. Die Färbung ist bräunlich.

Südafrika: Agulhas Bank, in 47 bis 75 m Tiefe.

7. **B. (E.) cirrhatum** (Forster MS) 1801 *Petromyzon cirrhatus*, Forster MS in: M. E. Bloch & J. G. Schneider, Syst. Ichthyol., p. 532 | 1822 *Homea Banksii*, J. Fleming, Phil. Zool., *v.* 2 p. 375 | 1835 *Bdellostoma heptatrema* + *B. Forsteri*, J. Müller, Vergl. Anat. Myxinoiden, p. 15, 16 | 1870 *B. cirrhatum* (part.), Alb. Günther, Cat. Fish. Brit. Mus., *v.* 8 p. 511 | 1899 *Homea cirrhata* (part.), S. Garman in: Mem. Mus. Harvard, *v.* 24 p. 350 | 1909 *Eptatretus cirrhatus*, Waite in: Rec. Canterbury Mus., *v.* 1 nr. 2 p. 131 t. 13 f. 1, 2 (Kopf von unten mit herausgestoßener Zunge) | 1912 *Heptatretus cirratus* + *H. banksii*, Regan in: Ann. nat. Hist., ser. 8 *v.* 9 p. 536 | 1924 *Bdellostoma (Eptatretus) cirrhatum* (part.), Rauther in: Bronn, Kl. Ordn., *v.* 6 Abt. 1 p. 687.

Jederseits 6 bis 7 Kiemensäcke; die vorderen äußeren Kiemengänge sind ein wenig länger als die hinteren; in den vorderen Lingualzahnreihenhälften je 8 bis 12, in den rückwärtigen 7 bis 12 Zähne; in beiden sind jederseits die 3 vordersten Zähne an ihrer Basis miteinander verschmolzen; die Basis der Zunge liegt zwischen dem ersten Kiemensackpaar; L. bis 480 mm. Färbung?

Südlicher Pazifischer Ozean; Küsten von Neu-Seeland.

8. **B. (E.) hexatrema** J. Müll. 1835 *B. h.* + *B. heterotrema*, J. Müller, Vergl. Anat. Myxinoiden, p. 15 | 1870 *B. cirrhatum* (part.), Alb. Günther, Cat. Fish. Brit. Mus., *v.* 8 p. 511 | 1899 *Homea cirrhata* (part.), S. Garman in: Mem. Mus. Harvard, *v.* 24 p. 350 | 1912 *Heptatretus hexatrema*, Regan in: Ann. nat. Hist., ser. 8 *v.* 9 p. 536 | 1924 *Bdellostoma (Eptatretus) cirrhatum* (part.), Rauther in: Bronn, Kl. Ordn., *v.* 6 Abt. 1 p. 687.

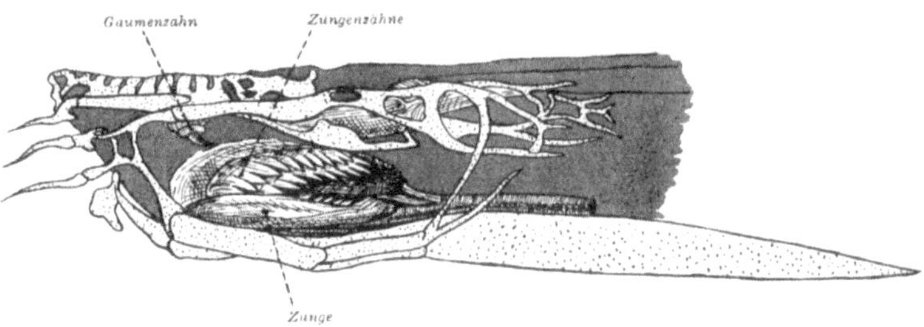

Fig. 57.
Kopfskelett von **Bdellostoma (Eptatretus) hexatrema** J. Müll. (Nach Müller, vereinfacht).

Jederseits 6 Kiemensäcke; in der vorderen Lingualzahnreihe jederseits 12 Zähne, in der rückwärtigen 11 bis 12; in der vorderen Reihe sind jederseits die 3 vordersten Zähne, in der rückwärtigen die 2 vordersten an ihrer Basis miteinander verschmolzen; die Länge des Kopfes, bis zur vordersten Kiemenöffnung, ist in der Gesamtlänge des Körpers $3^1/_3$ bis $3^1/_2$ mal enthalten; L. bis 700 mm (Fg. 57). Färbung?

Küste von Südafrika.

9. **B. (E.) burgeri** [Girard(?)][1]) 1842 *Heptatrema cirrhatum* (non Bloch-Schneider), Temminck & Schlegel in: P. Siebold, Fauna Jap., Pisc. p. 310 t. 143 | 1901 *Homea bürgeri*, D. S. Jordan & Snyder in: Annot. zool. Jap., *v.* 3 p. 37 | 1904 *H. burgeri*, Dean in: J. Coll. Japan, *v.* 19 nr. 2 p. 2 & 21 f. 2 C (Unterseite), 4 (schematische Darstellung des Atmungsapparates) & t. 1 f. 7 (natürlich abgelegte Eier) | 1912 *Heptatretus buergeri*, Regan in: Ann. nat. Hist., ser. 8 *v.* 9 p. 536 | 1913 *Eptatretus burgeri*, D. S. Jordan, Tanaka & Snyder in: J. Coll. Japan, *v.* 33 p. 4 f. 1 (Kopf von unten und von der Seite) | 1924 *Bdellostoma (Eptatretus) b.*, Rauther in: Bronn, Kl. Ordn., *v.* 6 Abt. 1 p. 686.

Jederseits 6 bis 7 Kiemensäcke; die vorderen äußeren Kiemengänge sind manchmal ein wenig länger als die hinteren; in der vorderen Lingualzahnreihe beiderseits 8 bis 9 Zähne, in der rückwärtigen 9 bis 10; in der vorderen Reihe sind jederseits die 3 vordersten Zähne, in der rückwärtigen Reihe die 2 vordersten an ihrer Basis miteinander verschmolzen; die Basis der Zunge liegt zwischen dem 1. oder dem 2. Paar der Kiemensäcke; die Länge des Kopfes, bis zur vordersten Kiemenöffnung, ist in der Gesamtlänge des Körpers $3\frac{1}{2}$ mal enthalten; L. ♂ bis 545 mm, ♀ bis 600 mm. Die Färbung ist ein helles Braunpurpur; dorsal verläuft ein helles, unpigmentiertes, medianes Längsband (Fig. 53 C).

Japanische Küsten südlich von Tokio und Fusan.

10. **B. (E.) profundum** (Barnard) 1923 *Heptatretus profundus*, K. H. Barnard in: Ann. S. Afr. Mus., *v.* 13 p. 439.

Jederseits nur 5 Kiemensäcke; in der vorderen Lingualzahnreihe jederseits 11, in der rückwärtigen 10 Zähne; in der vorderen Reihe sind jederseits die 3 vordersten Zähne, in der hinteren Reihe die 2 vordersten an ihrer Basis miteinander verschmolzen. Die Länge des Kopfes, bis zur ersten Kiemenöffnung, ist in der Gesamtlänge des Körpers $4\frac{3}{4}$ mal enthalten; L. 620 mm. Die Färbung ist dunkelbraun.

Südafrika: Kap der guten Hoffnung, Cap Point, in 731.5 m Tiefe.

---

[1]) Nach meinen Feststellungen erscheint dieser Artname erstmalig in: 1870 Günther, Cat. Fish. Brit. Mus., *v.* 8 p. 512, zitiert. Die Art wird dort von Günther als mutmaßlich synonym mit der Species *Bdellostoma (Eptatretus) cirrhatum* Forster MS angesehen. Im Synonymie-Nachweis heißt es: ? *Heptatrema cirrhatum*, Schleg. Faun. Jap. Poiss., p. 310 pl. 143 (*Bdellostoma burgeri*, Girard). Er führt hier Girard als Autor an, ohne ein genaues Zitat folgen zu lassen. Alle späteren Autoren zitieren: *Bdellostoma burgeri*, Girard in: P. Ac. Philad., *v.* 7, 1854 p. 199; dieses Zitat ist auf alle Fälle falsch, da hier Girard nur über eine einzige Myxiniden-Species berichtet, und zwar über *Bdellostoma (Polistotrema) polytrema*. Ich bin daher außerstande, die Geltung des obigen Artnamens und des Autors zu verbürgen, da es mir nicht möglich ist und war, andere als hier festgehaltene Tatsachen aus der Literatur aufzuzeigen.

Nachtrag

Zu p. 12: 1. Fam. Petromyzonidae: 1932 *Geotriidae*, G. P. Whitley in: Austral. Zoologist, *v.* 7 p. 261

Zu p. 36: 6. Gen. *Geotria* Gray: 1932 *Yarra*, G. P. Whitley ibid. p. 261

Zu p. 39: 4. *G. (V.) stenostoma* J. D. Ogilby: 1932 *Yarra singularis*, G. P. Whitley ibid. p. 262 f. 2 (Mund) t. 13 f. 8

Zu p. 41: B. Subfam. Mordaciinae: 1932 *Mordaciidae*, G. P. Whitley ibid. p. 262

" 8. Gen. *Mordacia* Gray: 1932 *M.*, G. P. Whitley ibid. p. 262

Zu p. 42: 1. *M. mordax* (Richards.): 1932 *M. m.*, G. P. Whitley ibid. p. 262 f. 3 (Kopfunterseite eines Larvenstadiums), f. 4 (Mund), t. 13 f. 9 (Larvenstadium), f. 10 (cop. Richardson).

Alphabetisches Register

Nomenclator generum et subgenerum

von C. Apstein

Agnathomyzon Gratzianow in: Dnew. zool., *v.* 3 p. 18. 1907. Sp.: *A. wagneri, caspicus.*

Ammocoetes G. Cuvier, Règne an., *v.* 2 p. 119. 1817.

Anopsus (nom. nud.) Rafinesque, Anal. Nat., p. 93. 1815.

Bathymyzon subgen. T. Gill in: P. U. S. Mus., *v.* 6 p. 254. 1883. Sp.: *Petromyzon (B.) Bairdii.*

Bdellostoma J. Müller in: Abh. Ak. Berlin, p. 66. 1835 und Vergl. Anat. Myxinoiden, p. 15. 1835. Sp.: *B. hexatrema, heterotrema, heptatrema, Forsteri, Dombeyi.*

Caragola J. E. Gray, List Fish Brit. Mus., *v.* 1 p. 137, 143. 1851. Sp.: *C. lapicida.*

Caspiomyzon L. S. Berg in: Bull. Ac. St.-Pétersb., ser. 5 *v.* 24 p. 172, 173. 1906. Sp.: *C. wagneri.*

Entosphenus T. Gill in: P. Ac. Philad., [*v.* 14] p. 331. 1862. Sp.: *E. tridentatus, epihexodon, ciliatus, astori.*

Eptatretus C. Duméril fide Cloquet in: Dict. Sci. nat., *v.* 15 p. 135. 1819. Sp.: *E. Dombeii.*

Eudontomyzon Regan in: Ann. nat. Hist., ser. 8 *v.* 7 p. 194, 200. 1911. Sp.: *E. danfordi.*

Exodomegas MS T. Gill in: P. U. S. Mus., *v.* 5 p. 524. 1883.

Exomegas T. Gill in: P. U. S. Mus., *v.* 5 p. 524. 1883. Sp.: *E. macrostomus.* (non: C. H. Burmeister in: An. Mus. Buenos Aires, Act. Soc. Palaeont. *v.* 1 p. XXXVI 1868).

Gastrobranchus M. E. Bloch, Naturg. ausl. Fische, *v.* 9 p. 66. 1795. Sp.: *G. caecus.*

Geotria J. E. Gray, List Fish Brit. Mus., *v.* 1 p. 137, 142. 1851. Sp.: *G. australis.*

Haploglossa subgen. Gratzianow in: Dnew. zool., *v.* 3 p. 18. 1907. Sp.: *Agnathomyzon (H.) caspicus.*

Heptatrema F. S. Voigt-Cuvier, Thierr., *v.* 2 p. 529. 1832. Sp.: *H. Dombeyi.*

Heptatremus Mc Murtrie-Cuvier, An. Kingdom, Not. *v.* 2 p. 298. 1831. Sp.: *H. Dombey.*

Heptatretus Regan in: Ann. nat. Hist., ser. 8 *v.* 9 p. 534. 1912. Sp.: *H. polytrema, stouti, deani, decatrema, okinoseanus, cirratus, banksii, hexatrema, buergeri.*

Homea J. Fleming, Phil. Zool., *v.* 2 p. 374. 1822. Sp.: *H. Banksii.*

Ichthyomyzon C. Girard in: Rep. Expl. Railroad Pacif. Ocean, *v.* 10 p. 381. 1858. Sp.: *I. castaneus, hirudo.*

Lampeta [pro *Lampetra* Oken 1816] Burmeister in: An. Mus. Buenos Aires, Act. Soc. Palaeont. *v.* 1 p. XXXVI 1868.

Lampetra Oken, Lehrb. Naturg., *v.* 3 Abt. 2 p. 130. 1816. Sp.: *L. branchialis, planeri, fluviatilis, marina.*

Lampreda (nom. nud.) Rafinesque, Anal. Nat., p. 94. 1815.

Lethenteron subgen. Creaser & Hubbs in: Occas. Papers Mus. Zool. Michigan, nr. 120 p. 3, 6, 11. 1922. Sp.: *Entosphenus (L.) japonicus, appendix.*

Macrophthalmia Plate in: SB. Ges. Fr. Berlin, p. 137. 1897. Sp.: ***M. chilensis.***

Mordacia J. E. Gray, List Fish Brit. Mus., *v.* 1 p. 137, 143. 1851. Sp.: *M. mordax.*

Muraenoblenna Lacépède, Hist. Poissons, *v.* 5 p. 652. 1803. Sp.: *M. olivacea.*

Myxine Linné, Syst. Nat., ed. 10 p. 650. 1758. Sp.: *M. glutinosa.*

Neomordacia F. Castelnau in: P. zool. Soc. Victoria, *v.* 1 p. 232. 1872. Sp.: *N. howittii.*

Oceanomyzon H. W. Fowler in: P. Ac. Philad., *v.* 59 p. 461. 1908. Sp.: *O. wilsoni.*

Okkelbergia subgen. Creaser & Hubbs in: Occas. Papers Mus. Zool. Michigan, nr. 120 p. 3, 8, 17. 1922. Sp.: *Lampetra (O.) lamottenii.*

Paramyxine Dean in: J. Coll. Japan, *v.* 19 nr. 2 p. 14, 22. 1904. Sp.: *P. atami.*

Petromyzon Linné, Syst. Nat., ed. 10 p. 230. 1758. Sp.: *P. marinus, fluviatilis, branchialis.*

Polistotrema T. Gill in: D. S. Jordan & Gilbert in: P. U. S. Mus., *v.* 3 p. 458. 1881. Sp.: *P. dombeyi.*

Pricus (nom. nud.) Rafinesque, Anal. Nat., p. 94. 1815.

Reighardina subgen. Creaser & Hubbs in: Occas. Papers Mus. Zool. Michigan, nr 120 p. 2, 4, 8. 1922. Sp.: *Ichthyomyzon (R.) unicolor.*

Scolecosoma C. Girard in: Rep. Expl. Railroad Pacif. Ocean, *v.* 10 p. 384. 1858. Sp.: *S. concolor, unicolor, borealis.*

Tetrapleurodon subgen. Creaser & Hubbs in: Occas. Papers Mus. Zool. Michigan, nr. 120 p. 3, 6, 10. 1922. Sp.: *Entosphenus (T.) spadiceus.*

Thysanochilus Troschel in: A. Philippi in: Arch. Naturg., *v.* 23 I. p. 268 Anm. 1857. Sp.: *T. valdivianus.*

Velasia J. E. Gray, List Fish Brit. Mus., *v.* 1 p. 137, 143. 1851. Sp.: *V. chilensis.*

Yarra F. Castelnau in: P. zool. Soc. Victoria, *v.* 1 p. 231. 1872. Sp.: *Y. singularis.*

FSC
www.fsc.org
MIX
Papier | Fördert
gute Waldnutzung
FSC® C083411

Zeitfracht Medien GmbH
Ferdinand-Jühlke-Straße 7
99095 Erfurt, Deutschland
produktsicherheit@kolibri360.de